5 件好物簡介

▶ 碳酸氫鈉 Natron

俗稱小蘇打，可抗菌、中和異味，最適合用作保養身體肌膚、各式淨化清潔用品。

例如：刷牙粉、除臭劑、泡澡劑

▶ 蘇打 Soda

在廚房、浴室、洗衣、打掃遇到了頑強汙垢，小蘇打解決不了就交給蘇打，因為它的水溶液鹼性更強。

例如：碗盤洗潔劑、馬桶除垢劑、洗衣粉

▶ 醋 Vinegar

成分豐富的水果醋特別適合護膚、護髮。食用醋的殺菌力可用於醃製、防腐，還可以取代無數的清潔劑和保養品。

例如：水管疏通、化妝水、清除粉刺

▶ 檸檬酸 Citric Acid

隨手可得的天然有機酸。檸檬汁和柑橘類果皮特別適合去除鈣質，用作食物調味，製作全功效清潔劑。

例如：檸檬洗潔劑、衣物柔軟劑、泡澡錠

▶ 硬肥皂 Hard Soap

不含甘油與多餘脂肪，酸鹼值在 8 到 10 之間的微鹼性適合溶解各種油脂，是自製清潔劑、洗潔精、保養品的基本配料。

例如：液態洗衣精、沐浴乳、植物病害治療噴霧

5件好物

FÜNF HAUSMITTEL

ersetzen eine Drogerie

DIY家用所有清潔、沐浴、美妝與保養用品

天然配方，零化學無污染，打造環保省錢的健康生活

SMARTICULAR.NET —— 著　黃鎮斌 —— 譯

目錄

Contents

引言

　　你知道家裡有多少瓶去汙劑、小瓶清潔劑、錠劑、洗衣劑，或許還有面霜、乳液、肥皂、洗髮精和其他的化妝品、保養品以及清潔產品嗎？根據估計，大部分人家裡都會有40到60種。有時候我們會問：為什麼需要這麼多種產品？大部分的化學產品都有一眼看不完的成分表，其中許多成分都不健康，甚至有部分會對環境有害。難道除了這些五花八門又頂著討喜名稱的產品之外，就沒有其他更單純、更健康，對環境更友善且可以永續的選擇嗎？

　　我們想用本書來告訴你這些更好的選擇。介紹五種簡單的居家用品給你，以取代那些昂貴、成分複雜、部分有毒，特別是那些幾乎用不到的家用品、洗衣粉和洗潔精。

　　我們長久以來致力於研究生活各領域中簡單、永續的解決方案。為什麼所有東西都要用兩層或三層塑膠來包裝呢？為什麼我們要吃人工添加物越來越多的食物，而不是有機生長的食物？為什麼購買越來越多的免洗用具，而不是可以重複使用的，或是自己做的東西呢？最後，為什麼我們要使用成分複雜，用合成方法製造出來的化學產品？它們不只對我們有害，也對環境有害。

我們不斷在尋找可以取代免洗杯、咖啡膠囊、人工製造的不健康食物、浪費資源又汙染環境的替代品，每天都在嘗試新概念，發明對環境友善且永續的解決方案，最後發展出一種生活風格。我們發覺，並不只是我們在用這種思維生活，我們可以聯合起來做更多事，於是創立了網站和理念平台 smarticular. net，在這個網站上共同發表了許多生活妙方、指南和想法。我們的作者團隊不斷成長，共同檢驗網站上的內容，也得到許多讀者的回饋指教，幫助我們不斷修訂改善。請你找時間上網站看看！說不定可以找到幾個想法，讓你的生活過得更簡單、更永續。

五件居家用品取代一家藥妝店

為什麼要出版這本書呢？在過去一段時間裡，在許多實驗、配方、指南中，有五種簡單的居家用品一直出現在我們眼前：碳酸氫鈉、蘇打、醋、檸檬酸、肥皂。這些都是不起眼又簡單的居家用品，是我們父母及祖父母都熟知的東西。把它們合在一起使用，真的能發揮出很強大的功效。我們很驚訝，為什麼今天的家庭裡很少看到它們？它們的位置都被市面上的強力噴劑、活性泡沫清潔劑和各種特定功能藥劑占走了。超市貨架上擺滿了這些東西，廣告上鋪天蓋地宣傳這些最新產品的神奇功效。

事實上，這五樣居家用品幾乎可以解決所有的清潔難題，它們可以廣泛使用在家務、庭園、廚房、飲食，甚至是健康用途，這五種材料不只特別好用，還可以取代許多昂貴產品。最

棒的一點是：它們都很便宜，基本上到處都買得到。

　　我們在書裡收集了碳酸氫鈉、蘇打、醋、檸檬酸和硬肥皂最好、最有用的用途和配方。你在第二章裡可以得知它們有哪些功效，什麼地方買得到，以及使用時應該要注意的事項。

為什麼要自己動手做？

　　或許你會問：我在商店裡就可以買得到成品，為什麼還要自己做洗衣粉、漱口水，或是一般用途的清潔劑呢？好理由有好多個：

■ **自己做的保養品、化妝品及家用品比較安全！** 本書的配方裡沒有參雜任何人工合成的增味劑、防腐劑，或是礦物油等可疑成分，和大部分商店裡販賣的產品不一樣。在自己製造的每一種產品裡，你可以自己決定要添加什麼，不要添加什麼。

■ **替代性家用品對環境友善：** 自己動手做保養品、芳香劑和清潔劑的人不只避開了許多不必要的化學物質，家裡也不會製造出堆積如山的包裝垃圾。你知道許多洗髮精裡都含有矽靈和其他塑料？去角質沐浴乳中含有的塑膠微粒常常比包裝的塑料更多，而且這些塑料需要四百多年的時間才會被自然分解？我們的五件居家用品不同，它們是所謂的基本材料，可以用簡單的方法從植物性原料上取得，或是簡單的鹽類，原則上直接存在自然界。它們都可以自然分解，或是經由化學反應變成鹽類和其他的礦物質，它們都屬於自然，不會破壞自然。

- 自己動手做很有趣！如果你曾經自己動手做過體香劑、洗碗機光潔劑、漱口水，或一般用途的清潔劑，都知道 DIY 能帶來的滿足感！對我們來說，實驗和嘗試是不斷的學習過程，富有啟發，而且可以自我成長。一但知道在家自製洗衣劑和沐浴乳有多簡單之後，你反而會問，為什麼以前一直在買市面上的成品。

- 自己動手做很省錢！你知道嗎？只要幾分鐘，就可以用硬肥皂和蘇打做出解決絕大部分洗衣問題的洗衣粉，花費大概只有市售洗衣劑的十分之一。或是只用五分鐘時間，花大約十歐分（約合新台幣 3.5 元）就可以做出體香劑。這裡只舉兩個例子，但可以清楚指出，用很簡單的居家用品來代替市售成品可以減輕荷包的負擔。

注意事項

開始行動之前要做一點準備。本書裡所有配方和說明都經過我們的精心測試，讀者試做過，而且常常回饋寶貴的意見，我們也都做了修正改善。然而每種情況會因人而異。自己做的家用品及替代品跟工業產品不一樣，沒有花錢做一連串的測試，也沒有用所有想得到的原料和不同情況去實驗。因此有些用品可能不會馬上成功，或做出來不一定會奏效。

這是正常的，有時候是有意的。用洗衣劑來說明就很清楚：工業製洗衣粉含有的成分都是最高劑量，這樣才可以清除最髒的汙垢。但是因為大部分的衣服都只是正常髒汙，或是只穿一兩次的輕度髒汙，使用工業製洗衣粉就會有過量的化學成

分，過量且用不到的成分會流入下水道。自己做的洗衣粉就不一樣了，裡面只含清洗正常髒汙的基本物質。對於特別髒的部分及汙漬可以按情況事先處理，或加一些洗滌鹼（碳酸鈉），但也只有在這種情況下才有添加的需要。不要猶豫，使用書上的配方，在有需要的時候實驗一下，看看在特殊情況下要怎麼樣做才更有效。

隨時獲得最新消息

我們每天都在學習新東西，這是激勵我們不斷改善理念平台 smarticular.net 的動力。你在書裡可以找到很多我們最好的建議與技巧，但不是所有資訊一定會是最新的，這是很正常的事。因此我們建議除了閱讀本書之外，也可以參考網站上的資料。下面舉幾個可能例子：

■ 在 smarticular.net/5-hausmittel 網頁上可以找到有關本書的最新資料，你可以留下意見、讚美或批評，向我們提出問題，查閱個別技巧的重要改動。

■ 本書的文章都可以在 smarticular.net 上參閱。在網站上可以找到每篇文章的圖片和最新資訊，以及許多讀者留下的有用評論。

■ 如果你對 smarticular.net 上的其他主題感興趣，我們也會很高興。如果你想一直接收到最新消息，歡迎訂閱我們的電子報，追蹤我們的社群網站粉絲頁。

　　希望你能從書中獲得許多樂趣、成就感、生活問題解決方案與配方。

smarticular.net 團隊

五種居家用品介紹

可能每個人都知道醋和硬肥皂，但是碳酸氫鈉、蘇打和檸檬酸對某些人來說就不那麼熟悉了。我們在這裡先詳細介紹：它是什麼？怎麼來的？使用以及購買上要注意哪些事項？一般用在哪些方面？使用時要特別注意些什麼？

碳酸氫鈉

碳酸氫鈉（小蘇打）可能是這五種居家用品中最驚奇的東西。它已經被人類使用了幾千年，而且用在許多方面，例如在古埃及就將碳酸氫鈉、蘇打和鹽的天然混合物做為祭禮上的清潔劑以及木乃伊的防腐劑。碳酸氫鈉絕對不是老祖母年代留下來的骨灰。在今天的日常生活、飲食及健康領域裡，碳酸氫鈉都很有用！

非洲和北美洲礦床蘊藏著天然的碳酸氫鈉，直到今天都還在開採。絕大部分是由天然食鹽使用化學方式提煉。許多礦泉水及溫泉水裡也含有碳酸氫鈉。

碳酸氫鈉是一種便宜、高效用，而且可以廣泛使用的的居家用品。作用溫和卻非常有效，而且它天然、環保、無毒。

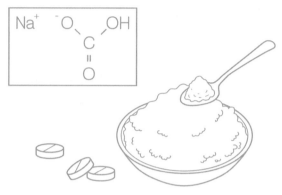

圖 1 碳酸氫鈉

▶ 化學背景

　　碳酸氫鈉和食鹽一樣是鈉鹽。在水中溶解時具有鹼性範圍內的酸鹼值，所以它可以多方面使用，並具有非常好的酸鹼中和功能，可以用作清潔劑，還有溶解脂肪的極佳功效。它的化學名稱為碳酸氫鈉（sodium hydrogen carbonate），化學式為 $NaHCO_3$。

　　它提煉的方式是用碳酸取代食鹽中的氯元素。

　　碳酸氫鈉藉由加熱，水分以及和酸液的接觸反應會釋放出碳酸。例如發酵粉就是因此而讓麵團變蓬鬆。

▶ 常見用途

　　碳酸氫鈉的用途非常多樣。最為人所知的就是發酵粉的蓬鬆效果，作為清潔劑使用有消毒與去鈣的功效，因此可以在廚房裡和清洗衣服時用來軟化水質。

　　碳酸氫鈉是一種很好的溶脂劑，所以注定要被用做自製洗碗劑，洗衣粉或是萬用清潔劑。它的偏鹼性以及中和酸鹼的功能，讓它在廚房、身體保養及保健領域中變得很重要。因為它產生功效的方式，所以也被用在製作鹼性扭結麵包（Laugenbrezel），去酸的鹼性浴以及自製的除臭劑和體香劑。

▶ 注意事項

　　雖然碳酸氫鈉非常便宜又可大量取得，但是在工業製造上並不是沒有副作用。製作過程中需要大量的清水，並製造出很多的化學垃圾。雖然我們花個幾十塊錢就可以買到一公斤，但還是應該要節省使用。

　　在內用時務必確實注意建議使用量，有懷疑時寧可少用一點。儘管碳酸氫鈉有許多好處，但它畢竟是鹽的一種，它會結合體內的水分，服用過量時會導致體內脫水以及其他的副作用。大量攝取時會中和胃酸，雖然短期內可以幫助解決急性胃灼熱，但是長期會導致消化異常。

▶ 混淆的危險

　　碳酸氫鈉常常會在視覺上及化學上和非常類似的蘇打（Soda 碳酸鈉，詳見下一節）混淆。兩種產品都非常有用，不過不能毫無限制地互相取代。蘇打會刺激皮膚黏膜，不可以用來內服。

　　此外，碳酸氫鈉也不可以和氫氧化鈉溶液（亦稱燒鹼溶液），或是所謂的苛性鈉（Sodium hydroxide，也稱氫氧化鈉）混淆。它的化學式是 NaOH，可以用來製造肥皂。

▶ 購買來源

碳酸氫鈉最為人知的品牌是 Kaiser Natron。在大部分超市的烘焙部門或藥店或藥妝店都可以買到小塑膠包裝的碳酸氫鈉。如果你常常用到碳酸氫鈉，買大一點的量會比較划算。網路上可以買到 1 至 25 公斤的包裝。在有些藥店裡你可以帶自己的容器去買散裝的碳酸氫鈉。

Kaiser Natron 的顆粒比較粗。如果要用來做體香劑，必須事先用研缽研碎。大包裝裡通常是細微粉末，可以使用在很多方面。

歐洲使用的碳酸氫鈉主要的是經由化學反應製造出來的，另一種則是北美洲天然開採的，亦即所謂的天然碳酸氫鈉。最著名的廠牌是鮑伯紅磨坊（Bob's Red Mill），還有以烘焙蘇打 Arm & Hammer Baking Soda 而聞名的生產大廠 Church & Dwight。他們越來越注重天然開採的碳酸氫鈉。

蘇打

每個家庭都應該會備有蘇打，它是一種簡單實用又特別有效的清潔劑。在有需要時可以用它來加強市面上的一般清潔劑的效用。例如可以減少洗衣粉一半的分量，或者也可以用它來製造自己的清潔產品。蘇打通常會便宜很多，而且有控管的劑量對環境及健康比較好。

在天然礦床上，蘇打是以結晶型蘇打出現在全世界所謂的蘇打湖邊。

▶ 化學背景

　　這個天然出產的鹽的化學名稱叫做碳酸鈉（Sodium carbonate），它是碳酸氫鈉的近親。兩種化學式為 Na_2CO_3 和 $Na_2CO_3 \times 10H_2O$。

　　純粹的煅燒蘇打具有很強的吸濕性，可以吸收空氣中的水分子。天然的碳酸鈉分子會結合最多 10 個水分子而形成所謂的結晶蘇打。煅燒蘇打（也稱為洗滌鹼）和結晶蘇打都可以在市面上買到。因為它的吸水效果，所以要存放在乾燥密閉的地方。

▶ 常見用途

　　蘇打特別在家庭中用作清潔劑和軟水劑。可以讓你節省許多洗衣劑和衣物柔軟劑，甚至可以用來自製洗衣粉。

　　蘇打反應激烈，而且它的水溶液比碳酸氫鈉水溶液的鹼性更強，因此更適合用作洗潔功能。

▶ 注意事項

　　蘇打會刺激皮膚、眼睛和呼吸道。它被列為危險物品，所以應該小心處理使用。蘇打和酸接觸時會產生激烈反應而大量快速地產生泡沫。

　　純蘇打的粉末很輕，所以使用時要特別注意，避免吸入、眼睛接觸及過量的皮膚接觸。在不確定而有所疑慮時，為了安全起見請戴橡膠手套。

　　雖然蘇打非常適合用來自製家庭清潔劑，但是它不該使用在含有鋁金屬的表面上，也不適合用在如羊毛以及絲綢的動物纖維上，因為它會使纖維脹起來。

▶ 混淆的危險

　　碳酸氫鈉、純蘇打以及檸檬酸都是細微的白色粉末，千萬不要把它們搞混，存放時務必要注意並細心地準確標示！

▶ 購買來源

　　市面上賣的蘇打大部分是「純蘇打」或是「洗滌鹼」的粉末狀態，在許多超市以及藥妝店的清潔劑部門可以找到。德國最常見的廠牌是 Holste 和 Heitmann。蘇打粉要存放在乾燥的地方，否則它會和水分結合而變成結晶蘇打。

　　結晶蘇打也可以在市面上買到，特別是在奧地利出售的蘇打幾乎都是結晶蘇打。如果你使用的是結晶蘇打，請注意調整本書配方上所標示的量。和水結合的結晶蘇打比較重，為了要達到同樣的效果，你必須要用相對多一點的量。本書中所標示的量都是以純粹的煅燒蘇打為準。如果你使用結晶蘇打，就必須把標示的量乘上 2.6 來計算。此外還應該要把結晶蘇打裝在緊閉的容器裡，並保存在涼爽的地方。結晶蘇打不可以過早和酸，例如檸檬酸等接觸，否則會過早起反應。因此結晶蘇打並不適用於乾燥的用途上，例如自製的洗碗機用洗滌粉。

醋

　　在數千年前的高度發展文明裡，人類就已經知道把醋用作醫藥和防腐劑，並且珍視它促進健康的功效。它可以抗炎、殺菌、降體溫，並且可以促進身體組織的酸鹼平衡。醋的功效是因為它所含的有機醋酸。

醋以非常多種不同的形式為人所知和所愛：家用醋或食用醋、醋精、香醋（巴薩米醋）、白酒醋、蘋果醋或是其他水果醋。醋裡的含酸成分使得它成為極佳的防腐劑，千年以前就為人所使用，今天也繼續用在大家喜歡的酸菜、酸黃瓜和許多食物裡。

家用醋可以簡單又便宜地取代無數種清潔劑、保養品和其他藥妝產品。不但可以省下不少錢，還附帶地保護了環境。

▶ 化學背景

醋是經由含有酒精的溶液透過醋酸菌發酵來製成的。按照不同的原料可以分為白酒醋、白醋（蒸餾過的酒發酵製成），甚至香檳醋。醋也可以用水果、蔬菜以及蜂蜜製造。自然狀態的醋含有最高 90% 的成分，其中有葉酸、β 胡蘿蔔素、維生素 C、類黃酮、單寧和有機酸。如果特別要用來內服或皮膚保養，我們建議使用天然製造的水果醋。

如果用來自製家用清潔劑，通常會使用一般的白色家用醋，也稱為食用醋就足夠了。它的醋酸含量為 5% 至 6%，到今天還是使用有機原料經過醋酸發酵製成。

對大部分的用途而言，沒有必要使用到含有 25% 的明顯高濃度醋精，或是說不建議使用，因為會有過量的危險。一份醋精可以用四分的水來稀釋成為濃度 5% 的溶液，原則上和一般的食用醋一樣好用。

▶ 常見用途

除了廣為人知的廚房用途之外，醋可以取代許多常用的衛

生用品，例如清潔劑、衣物柔軟劑以及洗碗機光潔劑。因為它酸性的酸鹼值以及殺菌的功效，特別是蘋果醋，可以廣泛使用在皮膚保養上。內服蘋果醋不但可以消除頸部和喉嚨發炎，還可以消除口臭和抑制胃灼熱。

▶ 注意事項

醋不可以用來處理鋁金屬表面，因為金屬會受到酸液的輕微腐蝕。和碳酸氫鈉或是蘇打一起使用時，醋會起激烈反應，因此這些配料一定要在使用之前才混合在一起，才不會錯失它的功效。

此外不要把醋使用在天然石材的地板上，它會使石材裡的鈣和其他礦物溶解並剝離。對於這樣的表面，你只能用稀釋得很淡的醋酸水來處理。

濃度高的醋酸清潔劑不一定適用在有填充矽利康的接縫以及橡膠密封件上，因為醋的有效成分會使接縫處產生小孔而呈海綿狀。要擦拭矽利康的接縫，最好是使用檸檬酸或碳酸氫鈉。

▶ 自製水果醋

蘋果醋可以很簡單利用蘋果汁或蘋果渣來製造。一般來說製作的過程滿複雜的。首先要讓蘋果汁發酵成為蘋果酒，然後要在蘋果酒中加入醋酸菌，這樣蘋果酒就會轉變成蘋果醋。

不過也有比較簡單的製造方法。用一點耐心加上衛生的製作方式，你可以自己做出用於廚房及家務的美味且有益健康的蘋果醋。

你需要：

五種居家用品介紹

1 公斤有機蘋果或是蘋果渣屑（皮、果心）

2 湯匙糖／每公斤蘋果（用來加速發酵，可加可不加）

乾淨的容器，例如一個醃漬用大玻璃罐，容量 1-2 公升

乾淨的布

　　蘋果皮、果心等渣屑就可以用來製作蘋果醋。做蘋果醬或蘋果蛋糕時通常會剩下皮和果心，也可以將整顆蘋果切成小塊來使用。

你可以按照下列方法做醋：

1. 把容器澈底洗乾淨，保險起見可以用熱蘇打溶液來消毒殺菌，這樣就不會有細菌滋生。

2. 將小塊蘋果和糖放進容器裡，把水加到淹過固態配料為止。

3. 蓋上一塊乾淨的布，這樣可以保持衛生不會長黴菌。

4. 偶而攪拌或輕輕地搖轉以防止長黴菌。罐裡慢慢會因為發酵作用而產生泡沫，這就是我們想要的。

5. 在幾天之後（時間長短每次都不一樣，和糖的用量有關）味道改變了，可以感覺到優質的醋香，水果開始下沉。不加糖大約兩星期之後醋香會很濃郁，如果加了糖，醋香會早一點出現。

6. 用一條布來過濾罐中的溶液，然後把溶液倒回一個乾淨的容器裡。

7. 加蓋，給它 4 到 6 星期的時間發酵成蘋果醋。

8. 用一個細密的濾網或一塊布將溶液倒出，過濾後裝瓶。

圖 2 蘋果醋

　　在醋酸的發酵期間，溶液裡會先產生黏液，之後會變成果凍狀的小塊。這就是所謂的醋母，醋酸菌的群聚體。不要把它丟掉，可以在下一回做醋時加進去，這樣可以加速整個過程。

　　從氣味與味道可以辨識成果。如果你在製作中一直注意衛生，就可以得到令人驚喜的美妙蘋果醋。

　　你也可以不用切塊蘋果，而是把蘋果先榨成汁。把蘋果汁加蓋放置 4 到 6 星期，它就會變成蘋果醋。如果加上一塊上述的醋母，轉變的過程就會更好。

　　用瓶裝蘋果汁也可以做蘋果醋。但是只能使用直接榨取的天然混濁果汁，因為只有這樣的果汁才含有所有醋酸發酵所需要的寶貴成分。

　　幾乎所有水果都適用這個製作方法。要不要也來做梨子醋、草莓醋、醋栗漿果醋或蕃茄醋呢？

24

檸檬酸

檸檬酸是另一種靈丹妙藥，非常廣泛地使用在廚房與家務上。幾乎所有常用的清潔劑和許多食品裡都有檸檬酸。許多水果裡都含有天然檸檬酸，特別是柑橘類的水果含量豐富。

▶ 化學背景

檸檬酸是天然產生的**羧**酸。卡爾‧威廉‧謝勒（Carl Wilhelm Scheele）在兩百多年前就已經從檸檬裡萃取出這個有機酸了，這也是分子式 $C_6H_8O_7$ 掛著檸檬酸之名的原因，當然也比 3－羥基－3－羧基戊二酸好念得多。

但是，人們常常忽略「檸檬的酸」非常廣泛地分布在自然界裡，而且還參與無數的代謝過程。它出現在蘋果、梨子、櫻桃以及許多其他水果裡面，連我們的身體裡也會製造檸檬酸。

市面上買得到的檸檬酸雖然用檸檬做廣告，但是幾乎都是工業製造的產品。生產方式是讓一個黴菌在含糖的糖蜜或葡萄糖裡加工，使用的原料通常是甜菜或玉米。在美國大部分都是使用基因改造過的有機體及糖分來源。

如果要在廚房裡使用或是製造離身體距離很近的產品，我們建議最好使用天然的檸檬酸。檸檬汁本身大概含有 5% 至 8% 的檸檬酸，因此書裡的許多應用上都可以使用檸檬汁。把檸檬擠壓幾下就足夠了，而且柑橘類的果皮也可以用來清潔水龍頭和去除鈣質。我們在書裡還會告訴你，如何從果皮來製作簡單且有效的全功效清潔劑。

五種居家用品介紹

▶ 常見用途

　　檸檬酸有許多用途，可以用作清潔劑，特別是用來去除鈣質，也可以用作食品調味料以獲得或增加風味，還可以用來保存醃漬食物和做為化妝品的天然防腐劑。

▶ 注意事項

　　名字本身就告訴我們它是一種酸。所以要小心處理檸檬酸，並且特別要避免接觸到眼睛。如果你有敏感的皮膚，建議你最好在使用時戴上橡皮手套；用在烹飪時也盡量節省，絕對不要超過書上說明的用量，否則酸會侵蝕牙齒的琺瑯質，還會對體內的酸鹼平衡產生不良影響。

　　一般的金屬都會受到檸檬酸侵蝕，尤其是鋁金屬。如果你用檸檬酸為家用電器及水龍頭或廚房裡的各種器皿去除鈣質，請在使用前要確認你所接觸的東西不含鋁金屬材料，因為這些東西會受損壞。也請不要使用鋁製餐具或鋁質容器來試做配方上的烹調，以盡量減少食物中的含鋁量。

▶ 購買來源

　　和碳酸氫鈉及蘇打類似，你也可以買到純的檸檬酸，應用在各種不同的日常問題上。在烘焙部門可以找到小包裝的檸檬酸粉末，在家用清潔劑部門常常都會有檸檬酸粉末和溶液。請詳讀包裝上的說明並永遠記住，要注意到該產品是適用於食品的品質。

　　如果你需要的量比較大，在網路上可以買到最大 25 公斤的包裝。

硬肥皂

硬肥皂是第五種也是最後一種家庭必備用品，是從老祖母時代就流傳下來，居家不可或缺的寶貝。它是一種理想的清潔劑，也是自製清潔劑、洗衣粉以及保養品的基本配料。

硬肥皂的製作有很久遠的傳統。在皂化過程中，植物性或是動物性脂肪在添加了鹼液之後會轉化成為肥皂及甘油。在接下來的步驟中將純皂從甘油裡分離出來，就是所謂的硬肥皂了。

酸鹼值在 8 到 10 之間的硬肥皂是微鹼性，因此非常適用於溶解各種油脂。可惜的是，今天的洗髮精、沐浴乳、洗手肥皂以及其他的清潔產品中幾乎都有人工合成的界面活性劑。這些產品比較便宜，可以比較簡單容易地以工業化方式加工製造，就逐漸排擠掉用天然原料所製造的肥皂。如果你在有機商店買了如假包換的天然肥皂、有機洗髮皂、牙皂或是硬肥皂，並且用來保養身體和做其他用途，就會重新體認到要珍惜這種天然產品的優點。

▶ 化學背景

相較於一般的肥皂，硬肥皂基本上沒有多餘的脂肪、甘油和添加物，也不含香料或色素，它就是純皂！特別對有過敏問題的人來說，這個特性不容忽視。就化學而言，肥皂是脂肪酸鈉，經過使用鈉或鉀的鹼液皂化而來。從前肥皂鹼液是以草木灰來製作，在成品中則會儘量減少草木灰的含量。

經過進一步所謂的鹽析步驟後，就可以將肥皂從甘油以及

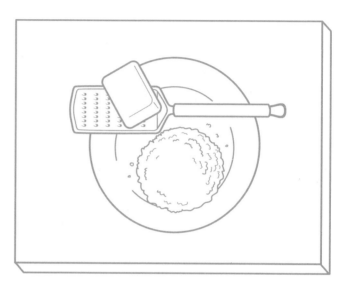

圖 3 硬肥皂

其他的成分分離出來，最後留下來的就是純的硬肥皂。它比一般傳統的肥皂硬，並且保存得更久。它的鹼性也較強，因此有更強力的潔淨功效。

在含鈣的水中，硬肥皂會在水的表面產生一層白色所謂的鈣皂，這就是成功軟化水質的結果。在洗潔用水中的鈣皂是沒有功效的，它會和洗潔鹼液一起被沖洗掉。

▶ 常見用途

硬肥皂可以用來洗潔身體，也可以用來自製保養品和家務用品。它是天然的界面活性劑，是自製洗潔劑或是柔性去汙劑

無可或缺的成分。此外也可以用它來製造便宜的植物除蟲劑或植物疾病的治療藥劑。

▶ 購買來源

　　傳統上硬肥皂是用動物脂肪例如牛脂來製造。今天大部分的商業產品都用棕櫚油來生產，不過仍然經常有使用動物脂肪製造的硬肥皂。此外有產自中東的傳統肥皂，最知名的是用橄欖油以及月桂油製造的阿勒坡肥皂（Aleppo soap），是用它敘利亞產地來命名。另一個選項是以鈉鹽牛脂（Sodium Tallowate）為主要原料做成的硬肥皂。產品的多樣性讓有健康和環保意識的消費者難以選擇。

　　如果要使用植物性的產品，最好注意棕櫚油是來自於受管控栽培的產區。如果連棕櫚油也不想使用到，則應該避免含有棕櫚油酸鈉（Sodium palmate）和棕櫚仁油酸鈉（Sodium palm kernelate）成分的硬肥皂。另一種明智的選擇是使用當地植物油或橄欖油製造的肥皂。

　　甚至可以用簡單的基本成分製成自己的硬肥皂。

清潔與擦拭

　　洗滌鹼是一種祖母時代封塵的老骨董嗎？絕對不是，因為就算是今天，它仍然是許多工業製造的洗衣粉以及清潔產品的主要成分。碳酸氫鈉和檸檬酸也是如此，因為它們具有極佳的抗垢、抗臭、抗鈣功效，所以是經過長時間考驗的公認好配料。在這一章裡，我們要介紹這五種居家用品在清潔和擦拭方面經由實證檢驗過的配方和用途。

全功效清潔劑的配方

　　廣告上常常看到一些清潔劑，像是浴室清潔劑、廚房清潔劑、廁所清潔劑、窗戶清潔劑，功能從二合一到七合一都有。但是要保持你家裡的乾淨整潔，完全沒有需要那麼多種不同的清潔劑。

　　家裡有 80% 以上的清潔工作可以用一種好的、自己做的全功效清潔劑來搞定。只要幾個步驟，你就可以用居家用品做出簡單又有效的清潔劑。你在接下來幾頁裡可以找到一些用居家用品試驗過的，供清潔用的配方。

這些自製的替代品有多方面的好處：

■ 比傳統的清潔劑來得更加環保。

■ 減少許多包裝垃圾。

■ 不含複雜的人造合成配料。

■ 超級便宜，因為這些配料比超市或藥妝店裡的產品要便宜很
多。

▶ 碳酸氫鈉全功效清潔劑

單純的碳酸氫鈉可用於多種用途，但只需少量硬肥皂和水
混合起來，就可以做出可以廣泛使用的全功效清潔劑。

自製大約 750 毫升的碳酸氫鈉清潔劑，你需要：

3 茶匙碳酸氫鈉粉

3 茶匙磨碎的硬肥皂

700 毫升溫水

噴霧瓶（例如使用舊的清潔劑瓶）

可選擇加上幾滴芳香精油

家用清潔劑中的芳香精油

芳香精油特別適合添加到自製家用清潔劑裡，因為它既
具有抗菌性又能抑制真菌的生長。特別值得推薦的是尤
加利樹油和茶樹油。如果這些油的味道對你來説太強
烈，也可以用薰衣草來代替。

製造方法：

1. 將硬肥皂和水置入一個小鍋子裡，緩緩加熱。

清潔與擦拭

2. 用打蛋器認真地攪拌，直到硬肥皂溶解為止。

3. 冷卻後加入其他的配料，繼續攪拌。

4. 將完成的清潔劑裝入噴霧瓶。

　　每次使用之前要先把瓶子搖一搖。將清潔劑噴在骯髒的地方及表面，然後用海綿或抹布擦拭。

▶ 醋製全方位清潔劑

　　用醋幾乎可以清潔整個住家。它可以長久保存，而且可以輕鬆地去油脂、汙垢和鈣垢，也不必花很大的功夫就可以去除水龍頭、儀表、設備上的鈣垢。此外，醋有消毒殺菌的功效，並且可以去除細菌與病原體。

自製 750 毫升的醋清潔劑，你需要：

　　500 毫升食用醋

　　250 毫升水

　　可選擇加上幾滴芳香精油

　　噴霧瓶（例如使用舊的清潔劑留下來的瓶子）

　　將所有的配料直接放進瓶子裡混合成一個溶液，在使用前用力搖動清潔劑。將溶液噴灑在骯髒的表面，然後用海綿或抹布擦拭。通常都無須再次擦拭。

　　你也可以用自製的醋清潔劑毫不費力地去除不銹鋼製的洗碗槽、磁磚、木製及塑膠的表面汙垢。使用醋清潔劑也可以輕易地擦亮金屬鋁，但是不建議讓它有較長的作用時間。

▶ **柑橘類水果皮的全功效清潔劑**

　　用柑橘類水果皮和醋可以製作一種天然的全功效清潔劑，可供廚房及浴廁使用，又帶有超棒的柑橘清香味。

你需要：

　　大約 500 克柑橘類水果皮，例如檸檬、橘子或葡萄柚

　　大約 500 毫升食用醋

　　1 個容器，例如一個醃漬用大玻璃罐

製造柑橘類水果清潔劑的方法：

1. 將柑橘類水果皮層層緊疊在容器裡。
2. 澆上醋，到完全淹沒果皮為止。
3. 靜置 2 到 4 星期。
4. 因為果皮會吸收醋，如有需要可以多加醋。保持果皮一直都淹在醋裡，這樣才不會發霉。

　　在幾個星期之內就會從果皮和醋轉變成有濃郁檸檬香味的家用清潔劑。當醋的顏色變黑而且有柑橘水果香味時，就完工了。

　　使用時就將清潔液經過濾網倒出，裝到一個你以前用過的空噴霧瓶裡。擠一點點洗碗精或液態肥皂就可以減少表面張力，讓清潔劑可以著力在光滑的表面上。它具有強力溶解鈣質的功能，並且會散發出甜美怡人的香氣。不用稀釋就可以直接使用。

清潔與擦拭

▶ **碳酸氫鈉強效去汙膏**

如果要去除許多頑強的汙漬，建議使用碳酸氫鈉和水製成的簡單強效去汙膏。這種去汙膏適用於鍋子和烤箱中的鍋巴結垢，也適用於浴室、瓷磚縫、瓷器、丙烯酸玻璃（俗稱壓克力玻璃）、鉻、不銹鋼，金和銀的清潔。

按照你的需要，取一湯匙或一杯碳酸氫鈉，加入少許水，然後將兩者攪拌成均勻的膏糊狀。你可以將這種碳酸氫鈉膏塗在汙垢上，給它一小段作用時間，在必要時可以用力刷洗。最後用水沖洗和擦乾。

清洗鍋子、碗盤和廚房用具

▶ **清除鍋巴與結垢**

一般單純的平底炒鍋，鍋子和烤箱中的簡單鍋巴與結垢，通常可以用碳酸氫鈉製成的強效去汙膏去除。如果糊狀去汙膏效果不佳，則可以使用更強的蘇打。將每公升水中加入一湯匙的蘇打溶液，放到要清洗的鍋子或平底炒鍋中，然後短暫煮沸。接下來將其靜置，直到可以用海綿將硬皮擦掉。

建議可以將熱蘇打溶液倒入油膩結頑垢的烘烤模具和烘焙托盤中，讓它浸泡之後將其擦拭乾淨。

▶ **清潔燒烤架鐵鏽**

燒烤架上的結垢同樣也可以很容易地用碳酸氫鈉或蘇打來去除。簡單地在陽台地板上放置幾層報紙，再把烤架放上去。現在可以用碳酸氫鈉去汙膏來處理了。也可以用更簡單的方

清潔前　　　　　　　　　清潔後

圖 4 清除鍋子頑垢

清潔與擦拭

法，將碳酸氫鈉溶液裝在噴霧瓶中噴灑。通常用兩湯匙的碳酸
氫鈉加到一公升的水中，就足以解決問題，如果有必要可以多
加一點。將此溶液大量噴灑在鐵鏽上並靜置，讓溶液作用至少
一個小時。之後就可以輕鬆擦拭殘留物和汙垢。

▶ **中和容器和各種器皿中的異味**

　　塑料容器和塑料盤子有時候會散發出難聞的氣味，透過簡
單的洗滌仍然無法將其驅散。碳酸氫鈉、檸檬酸和醋都可以幫
助除臭。

　　最簡單的方法是使用新鮮的橙子皮或檸檬皮，並澈底地用
內皮擦拭相關部位，然後用清水沖洗。

　　或者，每公升水加一到兩茶匙的碳酸氫鈉，或是用每公升

水加兩到三湯匙醋的溶液清洗鍋皿，以去除其異味。

▶ 清除咖啡垢和茶垢

　　當茶壺或咖啡壺附著了難看的茶垢或咖啡垢時，傳統方法幾乎無濟於事。心愛的茶杯在每次使用過後，顏色都會變得更深。只要一個簡單的技巧，就可以迅速讓茶壺咖啡罐以及杯子的內部再度光亮潔白。

　　只需在茶壺咖啡罐中加入一包烘焙粉或一茶匙碳酸氫鈉（如果是杯子，只要用一半的量就夠了），然後加入沸騰的水。讓溶液靜置一整個晚上，到了第二天早上，茶或咖啡垢都溶解掉了，或是可以輕易拭去。

▶ 清潔熱水瓶

　　熱水瓶特別難清潔，並且時間久了會形成沉澱物和難聞的氣味。用蘇打可以有效地清潔，不會讓熱水瓶受到損害。在瓶中放一滿滿凸出茶匙的蘇打，然後將熱水慢慢倒入直到瓶口。短時間作用之後，通常就可以把沉澱物完全沖洗掉。如有必要可以延長作用的時間。清潔之後再用熱水沖洗乾淨。

　　另一個方法是用醋精使熱水瓶再次發亮。將醋精裝滿熱水瓶的三分之一，然後將熱水倒入，直到瓶口為止。經過短時間作用後沖洗，再用熱水徹底沖洗，邊緣的垢漬、沉澱物和異味就會統統消失了。

▶ 水瓶消毒

運動時喝水用的水瓶或兒童的飲用水瓶通常只用水沖洗，然後重複使用。隨著時間久了，細菌會在內部繁殖，其中有一些會以深色沉澱物的形式呈現，而且還有難聞的氣味。

要讓飲水瓶無菌又乾淨，可以把每公升的水加上一茶匙蘇打的熱蘇打溶液裝進瓶子裡，並浸泡一整個晚上。然後用熱水澈底沖洗，這樣就可以繼續使用無菌又乾淨的水瓶了。

▶ 防止黴菌和細菌的滋生

把沒有包裝的食品存放在櫥櫃和麵包箱遲早會發霉。用醋水就可以處理。請用 1：1 的比例用水來稀釋食用醋，並澈底地擦拭櫥櫃每個隔層和所有櫥壁和層板表面。麵包箱則需要每週都要用這種方式處理一次，以預防黴菌形成。

▶ 清潔木板和木勺

砧板和其他木製廚具表面粗糙，是多種細菌的良好溫床，遲早會成為有害健康的來源。要清潔木砧板，只需用未稀釋的醋擦拭即可，這樣可以防止細菌在細孔中聚集。同樣的方法也可以深入到木勺，肉槌和其他木製器皿的細孔。

另一種方法是用熱蘇打溶液來清潔。蘇打可以有效地抵抗細菌，並確保廚房用具無菌。

▶ 清潔工作台表面

廚房工作台表面和桌子上的食物殘渣，飛濺的脂肪和其他汙垢，都可以用醋輕鬆地清除，無需特殊的清潔產品。簡單用

清潔與擦拭

未稀釋的食用醋蘸濕一塊布，並用它澈底擦拭各部位的表面。醋可以溶解汙垢和脂肪，還可以清除病原體和細菌。

▶ 清除洗碗水槽中的鈣化物和沉澱物

醋也是對抗洗碗水槽中鈣化物和沉澱物以及類似汙垢的首選。用一塊抹布將未經稀釋的食用醋塗抹上去即可。經過短時間接觸作用之後將其沖洗，並用布擦乾。這種方式可以清除花崗岩洗碗水槽上模糊難看的表面沉澱物，也可以讓不銹鋼洗碗水槽像剛買來一樣閃閃發光。

▶ 清潔海綿和抹布並清除異味

廚房用海綿、洗碗抹布和清潔抹布用久了都會散發出難聞的氣味，因為殘留的汙垢會積聚，細菌也會在此滋生築巢。想要澈底清潔和消毒，可以用高濃度的碳酸氫鈉溶液。將四茶匙碳酸氫鈉溶解在一公升水中，並將各種抹布和海綿浸入。然後用清水沖洗乾淨，這樣細菌、異味和汙垢就會消失。

▶ 清潔開罐器

很少有人清洗開罐器，也很少人注意到，它們經常會長出一層真正的食物殘渣外殼，細菌可以在這上面滋生繁殖。要完全清除汙垢硬殼可以用一把牙刷浸到醋中，然後用來刷洗開罐器。

家用電器

▶ 清潔冰箱

冰箱應該每四到六星期清潔一次。天然清潔劑當然是最佳的清潔選項，理想的用品就是醋。將家用醋與水用 1：1 的比例混合，用它澈底擦拭已經清空的冰箱內所有表面。醋可以清潔，消毒和去除異味。用相同的方式也可以清理冰箱冷凍層裡的抽屜或冰櫃。

▶ 清潔冰塊模具

塑料或不銹鋼製成的冰塊模具在重複使用幾次後，都會形成一層鈣質沉澱物。使用 1：1 比例的食用醋和水混合液體倒入模具，讓它浸泡幾個小時，然後用清水沖洗，模具就會清潔溜溜。

▶ 中和冰箱裡的異味

你的冰箱裡有難聞的異味嗎？你在周末才有時間清冰箱嗎？你可以輕鬆使用碳酸氫鈉來中和異味。只要將一些粉末放在小盤子或碗中，然後把它放到冰箱裡面就可以了。

這只是在你使用醋來清潔之前的暫時措施。當然最好的是可以盡快找到異味的來源，並將它清除掉。

▶ 咖啡機除鈣

醋是可以讓過濾咖啡機脫鈣的理想家用品。將一杯食用醋和水 1：1 比例的溶液倒在儲水容器中，接著開啟咖啡機，讓大

約一個杯子分量的溶液流過咖啡機。然後關閉機器20分鐘，讓醋溶液在機器裡起作用。之後再開機，讓剩下的溶液流過機器，接著用清水沖洗兩次，你的咖啡機就除鈣完成，可以繼續使用了。

　　順便提一下：檸檬酸不太適合用來為咖啡機或熨斗這樣的家用電器加熱除鈣，因為檸檬酸在加熱時會轉變成很難溶解的檸檬酸鈣。因此，檸檬酸只能用於冷的或溫熱的除垢溶液。

▶ 清潔煮水器

　　煮水器和其他廚房用機器一樣也可以用醋來除鈣。將醋和水以1：1的比例混合，然後將其注入要清潔的容器中，而且必須要靜置數小時，讓它發揮作用。如果將煮水器中的溶液煮開一次，則可以縮短除鈣的時間。

▶ 蒸汽熨斗除鈣及清潔

　　要去除蒸汽熨斗的鈣化物可以將醋和水以1：1的比例混合，然後將其注入熨斗的儲水槽中並加熱。先讓水蒸氣噴出1到2分鐘，然後將熨斗靜置一個小時。之後將儲水槽中的溶液倒出來用清水沖洗，再開水蒸氣，直到剩餘的醋和鈣屑排除為止。如果效果不理想，可以用稀釋的食用醋重新做一次。

▶ 清潔微波爐

　　微波爐內部大部分的汙漬通常可以很容易地用灑上碳酸氫鈉的濕海綿去除。認真澈底地擦拭整個內部的表面，如有需要時可以重複用力擦拭，直到所有汙垢和油漬全部去除為止。最

後可以用濕布擦拭乾淨。

如果微波爐非常髒，那就可以用蒸氣醋清潔法來處理。方法如下：拿一個適於在微波爐裡加熱的碗，碗裡裝一杯水和半杯醋放到爐裡。接著把微波爐開到最高強度約 5 分鐘。等到醋溶液冷卻，之後可以用海綿沾剩餘的溶液擦拭，並清除被蒸氣軟化的剩餘垢漬。

使用檸檬酸也可發揮同樣的效果。只需要一整顆檸檬就可以了。先將整顆檸檬切成薄片，然後放在碗中，並置於骯髒的微波爐內，以最高強度加熱約 2 到 3 分鐘。然後用布把微波爐擦拭乾淨，這樣就大功告成了！微波爐的清潔可以這樣簡單，還會散發出新鮮舒服的檸檬味。

▶ 清潔烤箱和烤盤

要去除烤箱中的油脂汙漬和頑垢，無需使用強效的化學藥劑，只要用萬靈的碳酸氫鈉（小蘇打），就可以像玩遊戲般輕鬆解決問題。

將碳酸氫鈉與水以 1：1 的比例混合成膏糊狀之物，然後將糊狀物塗在烤箱的汙穢區域上。最好讓它作用一整個晚上。第二天，你可以用家用海綿輕鬆清除糊狀物和汙垢，澈底清潔之後再用清水擦拭。

同樣的方法也可以輕鬆地從鍋底、砂鍋及平底鍋中除去結鍋巴的食物殘渣。

▶ 洗碗機的清潔和保養

如果洗碗機散發出難聞的氣味，通常是由於內部、後面的

邊緣和管線中的汙垢所致。你可以用醋除臭。用一個小碗倒入約半公升的食用醋，把碗直立放在洗碗機內。讓洗碗機正常跑完一遍清潔程序，但不要預洗。如果無法關閉預洗功能，請在啟動空機等待大約 15 至 20 分鐘後，再將準備好的一碗醋放入。

這樣處理可以讓汙垢和氣味消失。打開機器門時要小心，因為碗中可能仍有洗滌鹼水，可能會潑出。

▶ 洗衣機的除垢和清潔

髒汙或有難聞氣味的洗衣機可以用醋來除鈣和清潔。將半公升食用醋直接倒入滾桶中，並用 60 度的溫度空機洗衣。

洗碗盤

▶ 洗潔劑配方

使用碳酸氫鈉可以很容易地做出簡單的碗盤洗潔劑。你需要下列材料：

　　1 茶匙碳酸氫鈉

　　100 毫升無味無色的中性液態肥皂

　　5-10 滴芳香精油使其產生香味（可加可不加）

　　400-500 毫升水

　　瓶子（500 毫升），例如用過的洗潔劑瓶子

製作洗潔劑的方法很簡單：

1. 將 1 茶匙碳酸氫鈉倒入瓶中。
2. 瓶子裝滿水。

3. 加入液態肥皂。
4. 視需要自行加入芳香精油。
5. 蓋上瓶蓋，然後輕輕搖動瓶子讓內容物均勻混合。

　　這樣自製的洗潔劑就完成了！它具有很強大的清潔及解脂力道，而且只需要最簡單的配料。除此之外，它真的非常經濟實惠。

▶ **洗碗機用洗滌粉配方**

　　你曾經奇怪為什麼洗碗機用的錠劑那麼貴嗎？一定有別的選擇才對。我們接受你的挑戰！洗碗機用的洗滌劑到底藏著些什麼東西？成分表顯示，裡面所包含的物質統統令人起疑，有石油提煉出來的物料，甚至還有使用基因技術所製造出來的酶素。

　　其實這項清潔工作沒有那麼難。洗碗機用的洗滌粉主要有三項任務：

- 中和水中的鈣
- 協助水質軟化
- 溶解油脂以及其他沾黏的食物殘渣

　　經過一些調查研究和一些實驗，我們了解到：可以用簡單的居家用品便宜又輕鬆地製造出用在洗碗機的洗滌劑。對我們來說，理想配方是一種由四種配料組成的粉末，只需要花費大約普通品牌洗碗錠的三分之一。順帶提一下，你不僅可以避免使用到許多不必要的化學藥品，還可以節省大量金錢和包裝垃

圾。

自製洗碗機用粉的配方
要製作大約一公斤的洗碗機用洗滌粉，你需要：

    300 克粉狀的檸檬酸
    300 克蘇打
    300 克碳酸氫鈉
    125 克洗碗機軟化鹽

    這個分量足夠讓洗碗機洗滌大約 30 至 40 次。檸檬酸可軟化水質並防止鈣垢沉積；蘇打和碳酸氫鈉混在一起可以組合成很好的去脂劑；鹽有助於軟化水質，並防止機器鈣化。

> **重要提示**：所有配料必須要使用乾燥的！所以你應該只使用純蘇打粉以防止它與檸檬酸產生立即的反應。潮濕的水晶蘇打並不適用於此配方。

製造洗碗機用粉
    製造這種粉末非常簡單。把所有配料都稱過重量，然後將其混合，保存在絕對乾燥的地方。帶有翻蓋的醃漬罐子就是很理想的容器。好好搖晃罐子可以有效混合所有成分。

    一次清洗可以加入一或兩茶匙滿滿突出的粉末，如有必要可以多加一點。和平常一樣，將粉末加到洗滌劑抽屜中。所需分量取決於餐具的數量及其髒汙程度和水的硬度。嘗試過一兩次之後，你就會知道多少粉末是最佳用量。

對我們來說，這種洗滌粉是很好的替代品。它可以輕鬆應付碗盤和刀叉餐具上的正常髒汙。但是對於乾燥的食物殘渣、結垢和茶垢，有時也會力道不足。用這個粉末可以完成 90% 的漂洗，對於其餘部分，可以用一些有機洗碗錠來解決。

如果心裡覺得不確定，那就請先調製少量，然後試用幾次看看。根據水的硬度和髒汙程度可以調整各個配料的含量。不過請注意，你一定要使用乾燥的配料（切勿使用結晶蘇打）。混合配料時，還不可以讓它們相互產生反應。如果起了泡沫並結塊，則表示其中有配料含有水分。

洗碗機光潔劑

如果要玻璃杯保持透亮光潔，而且不會因為沾黏鈣質而產生一層混濁的霧膜，應該要使用洗碗機光潔劑。按照用水硬度來設定用機器洗杯子所需要用的光潔劑適當分量。在這裡，我們把單純的家用醋加到機器上放光潔劑的格子裡。經過我們及其他讀者的多年經驗證實，家用醋對機器來說沒有問題。如果你心有疑慮，也可以用下一個配方來製作自己的無醋洗碗機光潔劑。

洗碗機鹽

現代洗碗機具有內置的軟水器（離子交換器）。為了讓機器長久使用，並且可以沖洗掉使用時結成的鈣質，它需要使用鹽。通常是純食鹽（氯化鈉 Sodium chloride），不需要任何添加劑或抗結塊劑。如果住家所在地區有硬水，建議你使用內建的軟水器（可填充所需的鹽量）。

▶ **含檸檬酸的洗碗機光潔劑配方**

　　除了食用醋以外，檸檬酸也可用作洗碗機光潔劑配料的替代品。你可以使用以下配方。製作時間大約五分鐘。

製作 500 毫升的自製洗碗機光潔劑，你需要：

　　300 克酒精（簡單酒精即可）

　　200 克溫水

　　80 克粉末狀的檸檬酸

製作方法如下：

1. 將檸檬酸溶於溫水中。
2. 將混合物倒入空瓶裡。
3. 添加酒精。
4. 蓋好瓶子，並好好將所有配料搖到均勻混合。

　　洗碗機光潔劑就這樣完成了：簡單，快速又便宜。酒精可提供所想要的光澤，不會讓餐具出現霧膜。檸檬酸可防止鈣質水垢汙染，還可以保養洗碗機。

住家空間

▶ **清潔家具**

　　骯髒的鞋底經常在門、牆腳、樓梯和護壁板上留下汙漬和難清理的條紋。

　　用簡單的碳酸氫鈉可以清除家具和其他表面上的汙垢。弄濕海綿，並在上面撒一些碳酸氫鈉粉末。然後就可以輕鬆擦洗

汗垢，而且毫不費力地將它擦除。碳酸氫鈉可以去除橡膠殘留物、油脂、蠟和其他汙垢，同時可以產生柔和的研磨作用。

▶ 刷新木製家具和木板牆壁

未經加工處理過的木材給予居住空間美好、溫暖和自然的氛圍。隨著時間流逝，天花板和牆壁上的面板、橫梁和實木家具會逐漸褪色，而且變成難看的灰色。你可以使用醋讓未經加工處理過的木材恢復活力。

將半公升水與四湯匙食用醋或蘋果醋和兩湯匙橄欖油混合後，倒入瓶中並劇烈搖晃。用軟布將溶液擦在要處理的木質表面上，等它吸收後再用乾布擦拭。

經過處理後，木材又會恢復了原本的顏色和強度，木材的紋理和特徵會重現風采，木材表面也會因此得到保護並被微微地密封。

▶ 去除家具和木質表面的水漬

如果忘記在水杯下放杯墊，漂亮的木桌上無可避免會出現環形水漬。這時可以用醋來修繕，甚至可以去除木材上的其他水漬。將醋和橄欖油等分混合，然後將混合物用布沿著木材上的木紋方向擦拭，直至汙點消失為止。最後再用一塊乾淨的布擦去木材上多餘的油。

另一種方法是用牙膏和碳酸氫鈉的混合物來處理。把兩種配料混合起來，將它塗在汙漬上，然後用軟布擦拭。最後將其擦乾淨，並用乾布再擦拭一次，這樣水漬會在翻掌之間迅速消失。

清潔與擦拭

▶ 重現皮革家具和服飾的光澤

我們可以用醋和亞麻籽油（Linseed oil）來製作皮沙發、扶手沙發椅或皮夾克的天然皮革保養品。將食用醋和亞麻子油等分放入噴霧瓶中，並搖動直至兩者充分混合。將混合物噴灑在黏黏的、褪色或變得很難看的皮革表面上，然後用一塊布擦拭，讓其滲入。等候幾分鐘之後，再用一塊新布來吸收殘留的溶液和打磨，皮件會因此煥發出新的光彩。

▶ 去除原子筆畫過的痕跡

孩子第一次發現原子筆時，無法保證他不會到處塗鴉。幸運的是，有一個技巧可以對付這種情況。原子筆塗鴉過的牆壁、門、家具和桌子可以用醋來清洗。這也適用於所有可清洗的牆面。先用水和食用醋各一份調成混合液，再使用浸在溶液中的抹布或海綿擦拭塗鴉，直到線條消失為止。如果對結果還不滿意，可以用未稀釋的醋重複做一次。請小心處理壁紙等敏感表面。最好先在不起眼的地方測試，以確定壁紙經得起這種處理方式。

▶ 清除被蠟筆塗鴉的表面

如果不是塗在美麗的壁紙、牆壁、門和地板上，蠟筆畫藝術品是很迷人的。可以用潮濕的海綿加上一些碳酸氫鈉，把蠟筆的線條擦拭乾淨。如果蠟筆畫在像桌子和地板這樣的平面上，可以直接在上面撒上碳酸氫鈉，然後再用濕海綿擦拭消除。

▶ 清除塑料窗框上的汙垢結膜

　　塑料窗框會隨著時間而變得油膩和斑痕累累，不過這實際上在要搬家時才會真正感覺到。可以使用洗滌鹼來清除上面的汙垢，讓它們像新的一樣閃閃發亮。將溫水注入桶中，每公升水中溶解一湯匙洗滌鹼。用這個溶液將窗框、門框和塑料門擦拭乾淨，也可以用它來去除油脂汙漬和其他汙垢，讓框框恢復原來的顏色。

▶ 清潔窗戶和玻璃表面

　　許多人不喜歡清潔窗戶。但如果你定期清潔窗戶，這份工作就可以迅速完成且無需特殊清潔劑。在大多數情況下，用水再加一些蘋果醋即可解決，而且可以讓窗戶變乾淨，也不會留下任何水漬痕跡。

　　像昆蟲和鳥類糞便以及油脂汙漬等較嚴重的汙垢就需要使用更強有力的，例如自製的窗戶清潔劑了。

自己製作窗戶清潔劑

要製作約 500 毫升用來噴灑的清潔劑，你需要以下的配料：

　　250 毫升水

　　250 毫升酒精

　　2-3 茶匙蘋果醋（視髒汙程度而定）

　　空的噴霧瓶

　　將所有配料放入噴霧瓶裡並輕輕搖動，讓窗戶玻璃不生條紋又發光的自製清潔劑就這樣完成了。使用方法很平常：把做

清潔與擦拭

好的溶液噴灑在窗戶上，然後用濕布擦拭，必要時再次噴灑一次，隨即用窗戶布擦乾即可。

▶ **刷新地毯**

地毯，狹長型地毯和踩腳墊會因為時間久了褪色發白，並散發出動物氣味和濕氣造成的異味。油脂和其他黏性殘留物無法用真空吸塵器以正常方式清除。

可以使用醋來刷新地毯，使它們像新的一樣發亮。先用吸塵器清除所有鬆散的汙垢，再將地毯懸掛在橫桿上，將藏在地毯深處的碎屑、頭髮和灰塵敲打乾淨。現在將預先清潔過的地毯用蘸有食用醋的刷子順著紋理刷洗，要注意的是不可以把地毯弄得太濕，更重要的是整塊毯子要均勻刷洗。在完全乾燥後，再從相反方向刷一次。

▶ **去除地毯上的汙漬和異味**

如果地毯上出現汙漬或發出氣味，最好使用碳酸氫鈉清潔地毯。將碳酸氫鈉大量撒在預先清潔過的地毯上，再用刷子輕輕刷洗，靜置一整個晚上。第二天用吸塵器澈底吸除附著在地毯上的碳酸氫鈉。這個方法也適用於汽車裡的紡織品覆蓋物。

如果要使用蒸汽清潔器做深度清潔，也可以用醋和水以1：1比例的混合液來代替傳統清潔劑。清潔過程中會聞到醋的氣味，但之後氣味很快就會消失。

▶ 清潔地板

　　碳酸氫鈉也是大多數地板覆蓋物如瓷磚、油氈和超耐磨地板的出色清潔劑。將溫水注入桶子裡，每公升水中加入一湯匙碳酸氫鈉。這種溶液很適合用來擦拭地板，同時清除汙垢、油脂汙漬和動物殘留物。最後用清水擦拭，地板看起來會像是新的一樣。

▶ 清潔接縫

　　瓷磚縫通常是吸聚汙垢的磁鐵。無論在淋浴間、浴室還是在帶有爐灶和水槽的廚房裡，一段時間之後就會在接縫中積聚汙垢、油脂、鈣質，有時甚至還會發霉，使它們變得難看和泛黃，在白色的接縫上看的特別明顯。

　　無需特殊清潔劑即可澈底清潔，並讓它們恢復原始顏色。只要將碳酸氫鈉和水調成的糊（也可以使用洗滌鹼）就完全足夠。將碳酸氫鈉與少量水混合，這樣會成為一種濃稠的糊，將糊塗在要清潔的接縫上，最好的方法是用塑料刮刀或其他橡膠狀物體，將糊填充在接縫上。

　　讓糊停留 5 到 10 分鐘時間，將其擦拭並用清水沖洗，大部分汙垢都應該已經消失了。如果有特別頑強持久的色變和沉積物，請重複使用同樣的方法，並用舊牙刷來刷洗接縫上的汙漬。

▶ 木材地板的保養

　　木材地板天然溫暖的本質可以讓客廳產生舒適的感覺，開著微細孔的表面還有助於調節室內溫度，它當然也需要更多的保養，但如果可能，最好不要使用化學產品。有很多天然產品

可以讓保養工作更容易，還可以維持鑲木地板和木材地板的美感。

　　木材地板都可以用一些簡單方法來保養：鬆散的汙垢及灰塵可以用吸塵器清潔，接著可以使用大家覺得很有效的配方來做濕潤保養。請注意，在使用所有配方的時候，拖把或抹布只可以浸濕，不可以弄得很濕。因為水分會滲透到木材裡，木材吸足了水分會變形。

　　如果要對木材地板做深入細孔的保養，基本材料一定要是中性的植物油，例如向日葵油、橄欖油或椰子油。將中性植物油與醋、水、洗碗清潔劑（或是液態肥皂）混合，必要時也可以添加芳香精油。下列的各種配方都是最簡單，也是最有效的！

用植物油和醋保養地板

所需配料：

　　600 毫升一般植物油（建議深色木材使用亞麻仁油，淺色木材使用橄欖油）

　　400 毫升家用醋

　　10-20 滴自己喜歡的芳香精油，例如薰衣草油或茶樹油

　　2 公升水

　　將所有配料混合在一個桶子裡面，用它來擦拭木質表面。醋具有輕微的消毒作用，可去除細菌，而油會滲入細孔，護理和保護木材。

保養木材地板使用的植物油，酒精和檸檬
必需的配料：

250 毫升植物油

1 公升水

125 毫升酒精（酒精含量至少 40％ 的伏特加，純酒精或飲用酒精）

125 毫升鮮榨檸檬汁

　　同樣要將所有配料簡單地混合在一起，然後用來擦拭地板，但不要太濕。效果和第一個配方非常相似，只不過這次是用酒精來消毒，檸檬還會散發出令人愉悅的清新香氣。

　　如果你沒有加水，可以把混合物保存在有螺旋蓋的玻璃罐裡，需要用時就拿出來擦洗地板。如果使用的是伏特加，可以讓地板發出一種難得一見的光澤！

紅茶，對深色木材而言最為自然
這裡有個非常特殊的混合物，甚至不需要用到五個居家用品中的任何一種，但它特別適用於深暗色的木材地板：
1. 將半公升的水煮沸。
2. 加入 8 小包紅茶，蓋上蓋子，讓茶葉浸泡 15 到 20 分鐘。

　　可以用一點水稀釋這樣泡出來的深色濃茶水，調出來的溶液是個完美的天然擦拭劑，可以消滅許多微生物，而茶裡含的咖啡因是地板非常好的亮光劑。

清潔與擦拭

去除小刮痕和凹痕

📖 參考第 163 頁

▶ 去除木材地板上的紅酒汙漬和其他液體的汙漬

木板上的紅酒汙漬和各種液體的任何汙漬都應立即擦拭乾淨。如果是以前留下的紅酒汙漬，可以用碳酸氫鈉和礦物油（液態石蠟或石蠟油）調出來的糊狀混合物來去除。不過應該在嘗試了所有其他方法都失敗之後，在不得已的情況下使用。因為礦物油是從石油提煉出來的，不是擦拭你家地板的最佳選擇。

▶ 清潔百葉窗葉片

清潔百葉窗葉片真的是苦差事。然而，只要一個小技巧就可以輕易地清潔葉片上的灰塵和汙垢。你需要的只是一雙薄薄的棉布手套，在藥房或醫療用品零售店裡可以找到。將食用醋和水以相等比例混合後，用它來浸潤手套。現在你的手指可以在葉片之間滑動（你一定找不到其他更快、更有效清潔百葉窗的方法）。

▶ 清潔床墊，讓床墊更清新

床墊的問題通常很特別。它們在一夜之間可以吸收大量水分，因此往往在通風不良的房間裡會長出黴菌，並發出難聞的氣味。此外，塵蟎和細菌會積聚在床墊內，危及我們的健康。

我們建議使用碳酸氫鈉來清潔床墊表面，它有助於對抗床墊裡面的異味、黴菌和微生物。用 200 至 300 克碳酸氫鈉均勻地撒在整個床墊上，讓它在床墊上作用幾個小時。然後用真空

吸塵器將粉末吸乾淨,並在床墊的另一面重複上述步驟。

若需要更深層的清潔效果,例如頑強的汗漬、黴菌滋生或小孩尿床,你可以使用以下的強化處理方式:把碳酸氫鈉撒在床墊上之後,用沾濕的刷子將碳酸氫鈉刷到床墊的材質裡。要讓整個床墊一樣潮濕,讓碳酸氫鈉溶液分布均勻,如有必要,可以撒上更多碳酸氫鈉,然後刷到床墊裡。接下來要把床墊放在通風良好的空間裡靜置數小時讓它乾燥,然後用吸塵器將剩餘的粉末清除乾淨。

▶ 空氣濾網滅菌消毒

頭髮、灰塵和細菌會聚集在空調、加濕器和類似設備的海綿濾墊裡,這就是每兩星期要澈底清潔一次的原因。將食用醋和溫水以 1:1 的比例混合,然後將濾墊浸入溶液裡。一個小時後取出,擰乾並讓它乾燥,這樣就澈底清潔了濾網,又可以使用了。

浴室

▶ 清除鈣質沉積物

要清除浴室中各項物件、淋浴間的牆壁、瓷磚和洗臉盆上的鈣質沉澱物是一項特殊挑戰。用檸檬酸可以有效溶解鈣質汙垢,無需用力刷洗。將三湯匙檸檬酸溶於一公升水中,用它澈底擦拭需要清潔的器皿表面和各項物件。遇上較厚的結垢,請使用兩倍量的檸檬酸,然後將鈣化的地方浸泡在溶液中一段時間。可以將碎布浸入溶液中,將它包覆在水龍頭或其他部位,

以處理邊緣以及其他難以觸及的角落。之後要用清水沖洗乾淨。

　　除了檸檬酸溶液之外，還可以使用未稀釋的食用醋做同樣的處理。

　　如果只需要處理小範圍的表面，並且也希望可以兼顧到環保，還是可以使用檸檬，用檸檬汁製成噴灑式的環保除鈣劑：將檸檬汁倒入一個空的噴霧瓶中，加入少量的洗手皂溶液或碗盤清潔劑，將它們搖晃均勻。肥皂會破壞表面張力，並確保清潔劑黏附在光滑的表面上，不會輕易滾落。

　　這樣就完成了自製的有機除鈣劑！把它噴灑在鈣化的表面和物件上，讓清潔劑作用 10 到 15 分鐘。酸液會和鈣化物起反應，像變魔術一樣把它溶解掉。

　　然後只需簡單地用清水沖洗即可。剩下來的是沒有鈣質沉積物的光澤，效果勝過任何廣告產品。如果很髒，可能需要重複執行上述過程，或者用力刷洗一番。

　　如果想要多做一點清潔劑，例如想預留給下個月使用，那麼可以在檸檬汁清潔劑中加入兩湯匙的有機酒精，這樣可以保存得久一點，畢竟檸檬汁容易腐壞。順便提一下，這種方法也可以用在有機家用醋的製作上。

▶ 清潔鉻和不鏽鋼

　　不鏽鋼表面、木材和洗水槽也可以很容易地用醋來清潔。將少量未稀釋的家用醋倒在海綿上，用它來輕鬆地清除汙垢、油脂和鈣化物。

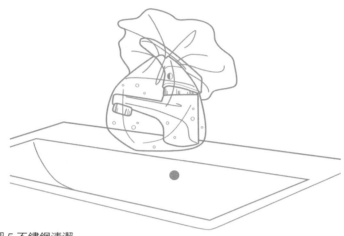

圖 5 不鏽鋼清潔

清潔與擦拭

▶ **淋浴噴頭的清潔和除鈣垢**

　　要清潔鈣化的水龍頭、淋浴噴頭和類似物品，請將三湯匙檸檬酸溶解在半公升水中，然後將要洗的物件浸泡在溶液中。如果淋浴噴頭是固定的，可以將去鈣溶液裝到一個小塑膠袋裡，用橡皮筋或一根繩子將袋子固定在噴頭周圍，讓它完全浸泡在塑膠袋的溶液中，這樣就可以去除鈣化物了。

　　未稀釋的食用醋也可以用同樣方式來溶解鈣化物和結垢。

▶ **清潔淋浴間牆壁及玻璃表面**

　　📖 參考第 56 頁

▶ 清潔瓷磚、洗臉槽、浴缸和淋浴間

蘇打水溶液同樣適用於定期清潔洗臉槽、浴缸和瓷磚。將一湯匙蘇打溶解在一公升溫水中，用這個溶液來清潔或擦拭水槽、浴缸和瓷磚。接著再用清水沖洗，所有物件都會煥發出新的光彩。

在清潔用的水中加入一杯食用醋也可以達到相同目的，可以確保清潔，也不會留下水漬痕和鈣化物的痕跡。

▶ 清潔銅和黃銅表面

隨著時間流逝，銅製水壺和用黃銅或銅製成的物體會形成一層難看的覆蓋物，尤其是擺在戶外的銅製品。可以用醋來讓它們恢復舊時光澤：將食用醋和鹽混合成糊狀，然後用海綿沾上糊狀物，澈底擦拭銅製物體的表面。覆蓋物會消失，裸露的金屬表面會再次光亮。然後用清水沖洗乾淨。

▶ 清潔浴簾

浴簾往往很麻煩，因為上面會積聚汙垢，肥皂殘留物甚至會長出黴菌。要澈底清潔浴簾，可以在水桶中裝滿五公升溫水，然後溶解半杯洗滌鹼（亦稱蘇打）。將浴簾、浴室踏腳墊等物浸入溶液中，然後用清水沖洗，這樣它們看起來又會像是新的一樣。

或者可以按照以下步驟用洗衣機清洗浴簾。將浴簾和一些毛巾一起放進洗衣機裡。最好不要把浴簾捲起來或壓縮成一團，而是讓它由毛巾鬆散地圍起來。只要使用一般的精緻衣物洗潔劑一半的量，再在洗衣機裡添加半杯洗滌鹼為清潔劑。第

一道洗滌的水排乾後,再加上半杯醋到機器裡。

請不要使用脫水功能,這樣可防止浴簾在洗衣機裡被急轉脫水。相反的要把潮濕的浴簾從洗衣機裡拿出來,然後掛在杆上晾乾。

▶ **清除排水管中的堵塞物和沉積物**

浴室和廚房的排水管堵塞是很常見的問題。這是由於油脂、毛髮、肥皂殘留物、汙穢東西和其他殘留物等強力附著的沉積物所造成的,這些沉積物隨著時間會在虹吸管內部形成汙垢層。但這絕不是立刻採用強效化學藥劑來處理的理由!有一種更簡單,而且對環境更友善的傳統老方法:用蘇打(或碳酸氫鈉)加醋來清理排水管。

這兩種產品混合在一起就成了一流又非常環保的清潔劑。相反的,具有「強效」的昂貴品牌產品都含有很多種化學物質,在最壞的情況下,它們甚至會侵蝕排水管道而弊大於利。你可以放心地把這類清潔劑留在商店裡,不必去理會。

蘇打與醋反應頗為劇烈,並且會釋放出二氧化碳和熱量。這個反應和所產生的鹼性溶液可以澈底清潔排水管。

你可以按照下列步驟操作:
1. 將四湯匙蘇打或碳酸氫鈉直接倒入水槽的出水口中。
2. 接著立即倒入半杯白醋。在劇烈發泡的情形下會形成白色泡沫。
3. 將溶液留在排水管中兩到三分鐘,讓其好好起作用。
4. 用足夠分量的熱水沖洗。

這個方法甚至可以清除虹吸管中頑強的沉澱物，虹吸管會變乾淨，又可以順暢排水。如果這種方法無效，那只有一件事可以幫得上忙：拆下虹吸管，並用手清除汙垢。順便提一下，這也是處理排水管道堵塞最環保的方法，因為完全不需要用到化學藥品。

▶ 清潔廁所馬桶

沒有地方像馬桶那麼容易受到細菌和汙垢侵襲，因此要定期使用抗菌清潔劑清潔馬桶。然而，一般市售的馬桶清潔劑含有人工合成的香料，界面活性劑和無機酸，這些會汙染我們的環境，並且可能會引發過敏症患者的疾病症狀。

建議你使用可以自然分解的居家用品所製作出來的清潔軟膏來清潔廁所馬桶，它和市售的清潔劑有同樣的效力。

製造這種清潔軟膏需要下列材料：

　2 湯匙檸檬酸

　2 湯匙芡粉

　10 毫升有機液體肥皂或環保碗盤清潔劑

　600 毫升水

你可以按照下列步驟操作：

1. 將 100 毫升水煮沸，並放置讓水冷卻。
2. 在鍋中注入 500 毫升冷水，把芡粉加入攪拌。
3. 在不斷攪拌中將鍋中混合物短暫燒開，直到鍋中物變成黏稠

的乳白色為止。

4. 水燒開後讓其冷卻到 40 度。將檸檬酸加到此開水中攪拌，並繼續攪拌直到所有檸檬酸晶體都在水中溶解為止。
5. 添加 10 毫升的碗盤清潔劑。
6. 將得到的液體加入水與芡粉的黏稠物，互相混合。

　　製作共分為兩個步驟，因為檸檬酸不能加熱，否則會形成難以溶解的檸檬酸鹽。

　　你也可以選擇添加五至十滴精油，例如茶樹油，薰衣草油，橘油或檸檬油。它們不僅可以在浴室中散發出芬芳怡人的氣味，還可以增強廁所清潔軟膏的清潔效果，也可以抵抗馬桶中的細菌。

　　此清潔軟膏可以保存約一個月。

▶ 廁所馬桶的清潔錠

　　你可以使用自製的馬桶清潔錠用於日常清潔，也可以用於清除頑強汙垢。此清潔錠的主要成分是碳酸氫鈉和檸檬酸，比例大約為三比一。要製作大約 20 個清潔錠，你需要以下配料和用具：

300 克碳酸氫鈉

100 克檸檬酸

10-20 滴有消毒作用的精油（例如茶樹油，柑橘油或百里香油）

　　做冰塊用的矽膠模具，或是一個可以塑造清潔錠形狀的小量匙

　　按照正確的順序製作非常重要，這樣才能防止蘇打和檸檬酸的過早反應。酸鹼的中和反應不應在攪拌容器中，而是要在馬桶裡使用時。

製作步驟如下：

1. 把碳酸氫鈉的分量秤好後，放到一個很高的碗或攪拌罐裡。
2. 每 100 克碳酸氫鈉加一茶匙水，所以 300 克碳酸氫鈉就需要 3 茶匙的水。絕對不可以加更多的水，因為太多水會妨礙到以下的製作過程！
3. 使用手持攪拌器（打蛋器）澈底混合碳酸氫鈉和水，此時細微的粉末會結成像潮濕沙子一樣的小顆粒。
4. 添加芳香精油，再次將其均勻混合。
5. 加入秤好重量的檸檬酸，並將其充分攪拌混合約 20 秒鐘。
6. 快速地將上述混合物填充到矽膠模具或量匙裡，然後小心地將其倒在一個墊板表面上。也可以用茶匙將混合物塑形成小堆。重要的是要將各個濕潤混合物向下壓一點，讓它變得夠緊實緻密。
7. 將完成的清潔錠放置讓其乾燥，然後將它們放入不透氣的密封容器中保存。

　　要清潔馬桶時，只需在馬桶裡放進一個清潔錠，讓它起泡沫，必要時用刷子輕輕刷一下馬桶表面。如果遇到頑固的汙垢，則可以把清潔錠放置幾小時讓它起作用。

清潔與擦拭

圖 6 馬桶清潔錠

清潔與擦拭

▶ 清潔廁所馬桶裡的鈣垢和汙垢

　　用洗滌鹼液可以清除廁所馬桶上及尿池裡的石灰汙垢和其他沉澱物。將四分之一杯蘇打直接倒入馬桶中，用刷子將其均勻撒開。把刷子留在馬桶中，可以同時清潔刷子。浸潤數小時之後，再次澈底刷洗和沖洗幾次。如果仍有沉積物，可能需要用更多的蘇打重複處理。想要加強清潔效果，可以在加入蘇打之後立即將一杯醋倒入馬桶中。這時產生的激烈反應也會清除附著在看不見地方的沉積物和汙垢。

　　為了避免馬桶上出現頑強的積垢，最好每兩星期就把半杯碳酸氫鈉倒入馬桶裡一次，讓它作用一個小時。定期用刷子刷洗馬桶可以避免使用過多的居家清潔劑。

▶ 去除牆壁和接縫的黴菌

浴室和淋浴間裡很常會長黴菌，空氣濕度高加上通風不良就會促進黴菌生長。要去除牆壁和接縫的黴菌，請將食用醋倒入噴霧瓶中，將其噴灑在長黴菌的地方。如有必要，使用刷子來刷掉黏得很緊的黴菌，然後再用清水沖洗。醋不只可以除去現有的黴菌，還會在一段時間內阻止新黴菌滋生。也可以用芳香精油來防止黴菌滋生，請參閱第 32 頁的資訊框。

其他清潔和擦拭的應用

▶ 清潔拖把和抹布並去除異味

使用抹布和拖把擦拭可以清潔地板，但使用過幾次之後，它們會像淋濕的狗一樣發出難聞的異味。你可以將這些打掃和擦拭的工具浸泡在很濃的蘇打溶液中讓其過夜，這樣就可以清除擦拭用具中的深層汙垢和異味。把四到五湯匙滿出來的蘇打粉溶解在一桶溫水中，將抹布和拖把等放置到桶內。第二天將水排除乾淨之後，用清水沖洗抹布和拖把，然後靜置讓它乾燥。

▶ 清潔刷子和梳子

將刷子和梳子浸泡在碳酸氫鈉溶液中，就可以輕鬆清除上面積存的油脂、頭髮和皮屑。將一茶匙碳酸氫鈉用水溶解在淺碗裡面，然後將刷子和梳子放入浸泡一會兒。接下來沖洗並放置乾燥後，就可以繼續用來梳理頭髮了。

▶ 清潔剪刀

隨著時間流逝，黏附在刀口上的附著物和汙垢會使剪刀無法使用。但是，切勿用水清洗，因為鋒利的刀口會因此而生鏽，並且有可能變得完全無法使用。請使用未稀釋的食用醋清潔剪刀並防止生鏽。將一塊抹布泡浸到醋裡，用它來擦拭清潔刀口（同時清除輕微的鏽跡），最後用布擦乾。

▶ 清潔運動器材並清除異味

運動員很熟悉這個問題：運動器材和設備經常被汗水弄濕，聞起來會有異味，並且邊緣會變得很難看。要如何清潔不適用於洗衣機的護脛、健身手套、頭盔襯裡、溜冰鞋甚至運動提包呢？可以將 5 茶匙碳酸氫鈉溶於一公升溫水中來製成碳酸氫鈉溶液。把做好的溶液裝填入噴霧瓶中，然後噴灑到器材和設備及運動包的內部，以及運動鞋、溜冰鞋上面。如果用刷子加工處理，看得見的汙漬邊緣和變了顏色的地方會減少或完全消失。最後再用濕布輕拍或擦拭，放置使它乾燥。碳酸氫鈉可以讓異味消失並清除汙垢。

你還可以使用碳酸氫鈉讓曲棍球棒、高爾夫球桿、足球以及類似物件等再度乾淨清新。將碳酸氫鈉和水混合成糊狀物，然後用海綿沾上糊狀物，用以擦去器材設備上的汙漬和髒條紋。

▶ 清潔電腦鍵盤、滑鼠和外殼

為了使電腦、筆記電腦和周邊設備持久耐用，應該要偶爾清除上面的灰塵和油脂。特別是鍵盤和滑鼠，在使用一段時間後可能會變得出奇油膩，並附著大量的汙垢。

　　首先關閉所有要清潔的設備，然後拔下電源插頭。如果想要清潔所有物件的表面（電腦螢幕除外），可以將等量的食用醋和水在水桶裡攪拌混合。將乾淨的布浸入溶液中，然後好好擰乾，以防止溶液滴落或流淌。然後用它來擦拭所有的外殼、鍵盤上的鍵和滑鼠，以清除上面的油脂和汙垢。不要忘記滑鼠的底部，那裡經常會積聚讓你出乎意料的大量汙垢，這些汙垢會妨礙滑鼠的功能。

　　擦拭鍵盤之前先把鍵盤倒置過來，並輕輕搖動或拍打。使用帶有小口徑吸口的真空吸塵器可以去除藏在按鍵之間的頭髮和皮屑。如果有一些抹布擦不到的按鍵邊緣，可以使用抹布尖端或棉花棒沾上酸醋溶液來澈底清潔縫隙。

▶ 清潔硬幣，讓它們煥發新光澤

　　硬幣收集者都遇到過這樣的問題：較舊的稀有標本看起來特別骯髒和破舊。幾十年來的汙垢黏附在上面，表面變髒，甚至有些錢幣幾乎無法辨認。使用碳酸氫鈉可以讓這些金屬回復原有光澤。先將硬幣潤濕（少量碗盤清潔劑可以降低表面張力），並在硬幣上撒上一層薄薄的碳酸氫鈉。

　　讓碳酸氫鈉停留在硬幣上面一小段時間，之後用軟布小心擦拭。如果有圖案結構比較複雜的表面和波紋狀的邊緣，可以使用柔軟的牙刷。如果汙垢還沒有脫落，有必要時撒上更多碳酸氫鈉，並加長作用的時間，你的小寶物一定會恢復昔日的光彩。做過這樣的處理後，再用清水沖洗，然後用乾布輕輕拍打使其乾燥。

　　為避免損壞和刮傷，請勿將這種方法用於軟金屬，例如純

金和純銀製成的硬幣。對於其他種類的硬幣，我們建議最好先處理每種硬幣中的一枚，以確定其真正的硬度，然後才用同樣方式處理同種的其餘硬幣。

▶ 銀器的清潔和拭光

　　褪色的銀器也可以用碳酸氫鈉清洗。與其使用拋光的方式，還不如選擇以下方法以避免刮傷銀器。在一個淺碗裡鋪上一層鋁箔紙，然後倒入溫水。將一茶匙碳酸氫鈉和一茶匙鹽溶解在水中。把銀器如餐具、硬幣和首飾浸到鋁箔紙上的溶液裡，短時間之後銀器上的異色就會消失。然後用清水沖洗並用軟布擦乾，最後再小心地將所有剩餘的表層覆蓋物擦拭乾淨。

　　用一茶匙的洗滌鹼來代替碳酸氫鈉和鹽，也可以達到相同的效果。

　　如果你不想使用鋁箔紙，我們建議你使用以下的變通辦法：將半杯醋和一茶匙碳酸氫鈉混合（注意，會起泡！），然後將失去光澤的銀器放入溶液裡一小段時間。定期查看表層覆蓋物是否已經溶解或剝離，這可能出現得很快；比較強固的覆蓋物則需要幾個小時才會溶解或剝離。處理過後請用清水沖洗並用軟布擦乾，銀器就會變得閃閃發亮，像新的一樣。

▶ 清除器具上的鐵鏽

　　餐刀和其他餐具有時會產生小小的鏽斑，即使是不鏽鋼也會。洗碗機或刮傷的金屬表面更容易生鏽。不過這些都可以用蘸有檸檬汁或食用醋的布擦拭乾淨。

　　完全鏽蝕的園藝工具、手工器具以及螺絲和帶有防鏽蓋的

螺帽，都需要加強且更深入的處理。要去除腐鏽，可以將這些物品放在未稀釋的食用醋裡面幾天。鏽蝕得越深，處理的時間就要越長。然後用刷子或鋼絲刷清除鬆動的蝕鏽，乾淨的金屬表面就會重現。

也可以用這種方法來解開卡住的生鏽螺絲和螺栓。為了要能夠更快地取出，請小心地在螺絲和螺栓上噴上一些醋精，讓它滲入到空隙裡。多餘的醋精要立即擦拭乾淨，因為醋精與食用醋不同，會更強烈地侵蝕各種不同的材料。

▶ 清潔兒童玩具

孩子們的手總是想要抓握東西和玩耍，所以玩具在經過一段時間後會變得發黏、油膩和滑膩。為使孩子長時間對玩具保有樂趣，可以使用碳酸氫鈉溶液清除洋娃娃、樂高積木、汽車、積木等物件上的汙垢。將五茶匙的碳酸氫鈉倒入一公升的溫水中，然後用抹布或海綿將所有玩具擦拭乾淨。再用清水沖洗，讓它們充分乾燥，這樣孩子就可以繼續享受玩具的樂趣了。

▶ 清潔鋼琴琴鍵

油脂或灰塵會聚積在鋼琴或三角鋼琴的琴鍵上和琴鍵之間，如果這是個陳舊但很珍貴的傳家之寶，就會更令人煩惱了。使用醋可以溫和無害地有效清潔。將一份食用醋和四份水混合，然後把一塊軟布浸到溶液裡。把軟布拿出來，好好地擰乾以免溶液滴落，然後把所有按鍵的表面和側面擦拭乾淨，如果有需要，也可以稍用力道摩擦特別骯髒的地方。最後用乾布擦拭乾燥，並讓鋼琴開啟一會兒，好讓殘留液體都能揮發掉。

▶ 刮除貼紙、價格標籤和一般標籤

貼紙、價格標籤和一般標籤可以快速黏貼，但是通常很難在撕掉之後而不留下殘留物。如果想重複使用醃漬物或果醬的罐子而且要加以保存，就會覺得很難刮除的標籤很煩。標籤通常會使用不溶於水的黏合劑，並且要費很大的勁才能刮除乾淨。

用未稀釋的食用醋來濕潤貼紙和標籤，讓其濕透變軟，然後再用塑料卡片或其他不太硬的物體把它刮掉。如果是塑料貼紙就要花費較長的時間，因為醋必須從貼紙的邊緣滲入後才能溶解黏合劑。然後使用在醋裡浸過的抹布擦掉殘留的黏合劑，之後再用擰乾的濕布完全擦拭乾淨。

可以使用碳酸氫鈉和植物油的混合物刮除玻璃杯和玻璃瓶上的標籤，而且不會留下殘留物。

將等量的碳酸氫鈉和植物油混合成糊。一到兩茶匙就足夠刮除一個大標籤。將糊塗敷在要處理的表面上，放置約 30 分鐘，然後撕下標籤。如果玻璃上仍然殘留黏合劑，可以用手指沾碳酸氫鈉和植物油混合物來刮除殘留物。殘留物應該很快就可以清除。

▶ 清潔水族箱、過濾器和幫浦

如果想使用舊的水族箱，通常會需要做澈底的清潔工作。首先必須清除沉澱的鈣質垢、藻類沉積物和汙垢。可以使用未稀釋的食用醋和海綿澈底清潔水缸的四壁和底部，並溶解積在上面的鈣質垢。對於頑固的積垢，就必須要重複清除好幾次，然後使用廚房海綿擦拭。接下來用清水澈底沖洗，以除去所有汙垢和醋的殘留物。

清潔與擦拭

經過多年使用之後，幫浦和過濾器也可能被鈣化物嚴重包覆。可以先將它們拆開，並放進以一份食用醋和五份水混合的溶液中浸泡數小時來清潔。先用刷子刷洗剩餘的鈣垢，再用清水澈底沖洗所有東西幾次，這樣幫浦和過濾器就可以重新使用了。

在使用水族箱的時候，所有本書中提到的居家用品都不可以放進水族箱裡，因為它們會干擾水中敏感微妙的生態平衡。通常可以透過過濾幫浦以及定期用海藻海綿擦洗水缸四壁來清潔。沉澱的顆粒物可以用真空吸礫器清理。

定期清洗過濾器也不應該使用本書中所提到的居家用品。水裡面和過濾器中存在著某些細菌種類之間的平衡，這樣的平衡狀態對於水族箱的正常運轉和魚類的健康很重要。因此，最多只能用清水沖洗過濾器，或將其小心放地在一桶水中，將穢物雜質擠壓出來。

衣物清潔

洗衣劑及洗衣劑替代品

　　洗衣服也可以用到我們的五種居家用品。你可以用來減少洗衣粉的用量，處理汙漬和其他問題，甚至用來製造自己的洗衣粉。除了本章節所提的替代方法之外，還應該看看兩種完全自然的衣物洗滌方法，用栗子和常春藤葉也可以做出很好的洗衣劑！

▶ 用碳酸氫鈉或蘇打當洗衣粉的替代品

　　每個家庭不一樣，因此每個家庭的洗衣籃看起來也不一樣。有些人會煩惱小孩褲子上的青草汙漬，但一般人只需要對付正常的洗衣挑戰，例如只要洗去受到環境汙染的部分、體臭和汗水就好。

　　對於一般被弄髒的衣物，使用四湯匙的洗滌鹼就可以代替洗衣粉了。在軟水環境下，這個分量足夠用作替代品。如果是硬水，需要的量可能大一點，八湯匙或更多，你可以先試一試以找出最佳分量。對於羊毛和絲綢等動物纖維應該避免使用蘇打，而要使用碳酸氫鈉。純淨的碳酸氫鈉是另一種極佳的洗衣

粉，適用於輕度至正常髒汙的衣物。只需四到八湯匙的碳酸氫鈉，就可以代替你平常使用的洗衣粉。

你會對這兩種洗衣替代品的效果驚訝。它們不僅可以減少會造成大量汙染廢水和環境的化學物質，還可以減輕家庭的預算。

▶ 減少洗衣粉用量

洗衣粉製造商通常會根據水的硬度給出使用劑量建議。如果你家的水是硬水，你仍然可以用軟水洗衣的分量，只要再加兩到三滿匙的洗滌鹼。洗滌鹼可以軟化水質，並增強一般洗衣粉的清潔效果。如果是羊毛和絲綢衣物則建議使用碳酸氫鈉來代替蘇打。

▶ 有機洗衣精配方

如果想從購物清單上完全除掉市售洗衣粉，也可以自己製造。可以告訴你我們最喜歡的有機洗衣精的配方。在接下來的幾頁中，你會找到一般衣物以及精緻衣物和毛織品的洗衣配方。

一般市面上流通的洗衣產品通常貴得不成比例，而且常常對皮膚和環境有害。幸好我們不一定要接受這種產品！用最簡單的東西和方法就可以在家中自製優質的洗衣粉，不僅更環保，價格也是傳統洗衣粉的一小丁點，還可以做出原本要花好幾倍錢的洗衣粉。

配方很簡單，要製造兩公升左右的洗衣精，你需要以下的配料，價格加起來還不到 0.5 歐元：

衣物清潔

4 湯匙洗滌鹼

30 克硬肥皂

10-20 滴散發出愉悅氣味的芳香精油或香精油，例如薰衣草或檸檬香茅（選用）

2 公升水

此外還需要儲存用的容器或瓶子，例如用過的舊的洗衣精瓶、湯鍋、廚房刨絲器、打蛋器和漏斗。

製作只要花幾分鐘時間：

1. 用廚房刨絲器將硬肥皂刨成細沙粉狀，或是用刀子切碎成小塊。
2. 在上述細沙狀或小塊的硬肥皂中加入洗滌鹼，一起裝到一個大碗或湯鍋裡。
3. 將水煮沸，然後澆到上述配料中。
4. 用打蛋器用力攪拌幾分鐘，直到所有配料都溶解，並且均勻地混合為止。
5. 讓混合物冷卻並放置數小時。按照所用肥皂的不同，有時候混合物在冷卻時會變得太硬，看起來會好像是果凍。如果出現這種情況，請再用力攪拌一次，這樣做出來的成果會再度變成液體。
6. 按照自己的喜好加入芳香精油並加以攪拌。
7. 將做好的洗衣精裝瓶。

　　使用這種「閃電式方法」，不需要煮很久就可以做出很有效的液態洗衣劑。不過這樣快速製作很有可能讓各種配料很快分

圖 7 有機洗衣精

離開來,所以在使用前必須要搖動一番。

　　為了獲得更均勻而且所有配料完全融合的混合物（特別推薦用於低溫洗滌的衣物），你也可以按照下列比較慢的方法來製作,這個方法需要經過好幾次反覆煮沸的步驟:

1. 用廚房刨絲器將硬肥皂刨成細沙粉狀,或是用刀子將它切碎成小塊。
2. 煮沸 700 毫升水。
3. 小心地把水加入細沙粉狀的硬肥皂和蘇打,攪拌至全部都溶解在水中為止。
4. 靜置一個小時,然後倒入另外的 700 毫升水,短暫煮沸並攪拌均勻。
5. 大約六小時後,混合物開始變得有點黏稠,然後加入剩餘的

600 毫升水，再次煮沸並充分攪拌。

6. 冷卻後，再次用打蛋器充分攪拌，並且加入芳香精油。

　　用這種方法製造出來的洗衣精可以取代許多市面上的產品，而且又完全環保。它可以當作一般液態洗衣劑使用。對於一般正常衣物，在各種不同的水硬度下，只要用到 100 到 200 毫升的洗衣精就夠了。如果要洗白色衣服，可以在洗衣機裡加上一茶匙碳酸氫鈉來防止衣服變成灰色，保持它潔白的色澤。

　　唯一要注意的是，如果你的衣服是羊毛和絲綢等動物纖維做的就不可以使用這種洗衣精了，因為蘇打會讓這些纖維膨脹。對於羊毛衣物，最好使用下面要介紹的精緻衣物和羊毛洗衣粉。

　　在開始時最好先用少量測試。如果你對結果滿意，建議每次都製作幾公升的洗衣粉。花費的工夫幾乎一樣，而且洗衣粉可保存好幾個月。

注意：按照所選用的配料，洗衣粉或多或少會變黏稠，有時甚至呈果凍狀。 因此建議在使用前大力搖動瓶子。如果成品太黏稠，也可以用溫水稀釋。

提示：硬肥皂可能會殘留在纖維中，特別在黑色衣物上會出現淺色附著物而看得出來。這時可以加上一些醋來做衣服織物的柔軟劑，因為醋可以溶解肥皂殘留物，還可以使衣物變得更柔軟。

衣物清潔

▶ 洗衣粉配方

　　如果要節省時間，可以將下列材料混合起來做成簡單的洗衣粉。配料和洗衣精類似。這種洗衣粉製作速度更快，而且特別適合用來洗滌白色衣物。

自製洗衣粉的配料：
　　　100 克洗碗機鹽
　　　100 克硬肥皂
　　　150 克蘇打
　　　150 克碳酸氫鈉
　　　10-20 滴芳香精油增添香味（例如檸檬或薰衣草精油，可加可不加）

圖 8 有機洗衣粉

衣物清潔

　　針對白色衣物，你還需要 100 至 150 克檸檬酸。檸檬酸可用作軟水劑，按照水中的鈣含量來決定使用量。檸檬酸也具有輕微的漂白作用，所以它只在有限條件上適合洗滌深色或花色衣物。對於深色和花色衣物，最好使用醋來代替檸檬酸以當作衣物柔軟劑，或是增加碳酸氫鈉的用量。

> 注意：若使用此配方，你絕對要使用乾燥的蘇打粉，不要使用結晶蘇打，而且做好的混合物應該盡可能保存在乾燥和密封之處。結晶蘇打含有結合水，蘇打和檸檬酸都可以和空氣中的水分結合。這會導致酸性和鹼性成分之間的過早反應，而降低洗滌效果。

洗衣粉的製作很簡單，分兩個步驟進行：
- 用廚房刨絲器將硬肥皂刨碎。
- 將所有配料在碗中或直接在玻璃杯中充分混合，用以儲存。

　　我們使用有翻蓋的梅森罐（醃漬罐）密封保存粉末。

　　這個粉末與其他洗衣粉的使用法一樣。根據水的硬度，每次只要使用一到兩湯匙就足夠，如果衣服比較髒，就按照情況多加一點。

　　洗衣精和洗衣粉都不會在衣服上留下任何氣味。一開始時可能會不習慣，因為我們習慣在洗過的新鮮衣服上聞很香的味道。但是，香味根本是沒有必要的。如果你無法忘懷衣服洗後的香味，可以在洗衣服時加幾滴芳香精油。

如果一段時間過後洗衣粉開始結塊，可以用一個小棉布袋裝進幾湯匙的大米，然後把它放到洗衣粉裡。大米會吸收水分，這樣就可以防止粉末結塊。

在洗滌羊毛和絲綢衣物時，應該避免在這個洗衣粉裡加入蘇打，或者你可以使用專供精緻衣物及羊毛使用的配方。

> 提示：使用這種洗衣粉也建議在洗衣機中添加一些醋當作衣物柔軟劑的替代品。醋可以軟化衣物，並防止肥皂殘留在纖維中。

▶ 精緻織物和羊毛洗衣粉配方

到目前為止所介紹的洗衣粉配方都含有蘇打，它不但具有洗滌效果，還可以軟化水質。但是，如前所述，蘇打並不適用於洗滌動物纖維，因為蘇打會使它們膨脹。

對於精緻的衣物和羊毛，可以使用以下的配方。這個配方不但具有完全相同的環保效果，在製造上也是簡單又便宜。要製造 400 毫升洗衣粉你需要：

250 毫升水

50 克硬肥皂

100 毫升燃料酒精

此外你還需要一個湯鍋，一把鋒利的刀，一個打蛋器和一個有螺旋蓋的玻璃罐或類似的容器來存放洗衣粉。

衣物清潔

按照下列步驟一步一步地製造精緻織品的洗衣粉：

1. 將硬肥皂切成小塊，或用廚房刨絲器刨碎。
2. 將水和肥皂放入湯鍋裡。
3. 將鍋子燒開，同時用打蛋器充分攪拌。
4. 肥皂溶解後，再將水與肥皂的混合物煮沸一次，然後從爐子上取下。
5. 添加燃料酒精，並且再將此混合物澈底攪拌一次。

　　如果想給衣物增添一些新鮮的清香氣味，可以加入約 10 滴純精油，例如檸檬精油。

　　根據洗滌衣服的量和骯髒程度，一次需要用到 50 至 100 毫升的洗衣粉。如果洗衣粉放置了較長的時間，硬肥皂會稍微沉澱，將它短暫搖動就可以再次均勻混合起來。

　　這個洗衣粉也適用於輕度骯髒的有色衣物。對於髒汙比較嚴重的衣物，建議還是使用有含蘇打的洗衣粉。

▶ 清洗不適合在洗衣機洗滌的手洗衣物

　　如果要清潔只適合於手洗的衣物，可以使用自製的洗衣精或精緻織物及羊毛洗衣粉。如果衣物的髒度輕微，通常只需將衣物浸入含少許碳酸氫鈉的水中，然後沖洗幾次就可以了。也可以事先用硬肥皂洗去垢漬，這樣就不必使用到市售的去汙劑。

▶ 醋在洗衣服時的全效功能

　　長久以來醋就是廣為人知的衣物柔軟劑替代品。倒一些食用醋在洗衣機盛裝衣物柔軟劑的格子裡，用以替代衣物柔軟

劑，不但可以軟化水質，還可以溶解纖維中的鈣化物，並且讓衣物蓬鬆。醋還可以清除纖維中會常常導致衣物褪色的洗衣粉殘留物。

雖然醋會發出難聞的氣味，但這氣味消失很快，不會影響衣物的芬芳氣味。多年來我們一直在洗衣機中使用醋，並且沒有聽到過任何有關洗衣機裡海綿狀橡膠密封墊受損的報導。但是有些人不喜歡在洗衣機中加入食用醋。在下一個段落中，你可以找到替代醋的衣物柔軟劑。

用醋預先處理汗漬

在洗衣服之前，醋就可以發揮很好的功用。大約 10 到 20 分鐘的醋浴可以消毒衣服、預先處理汗漬，並防止新的彩色衣服褪色。不須要立即清洗的襪子、內衣褲或布質尿布也可以用醋的溶液做預先處理。將一杯食用醋倒進一桶溫水中，就成了預先浸泡衣服的溶液了。

讓羊毛恢復原狀

縮水的羊毛衣物有時可以用醋來還原形狀。將一份醋和兩份水放在湯鍋裡，然後將此溶液加熱到中等溫度。讓毛衣或其他縮水變形的紡織品浸泡大約 30 分鐘，然後用手將其整平，使其恢復原狀。最後將它們放在毛巾上風乾。

衣物清潔

衣物柔軟劑的替代品

對許多人來說，衣物柔軟劑的效果驚人，而且已經成為不可或缺的產品。使用柔軟劑後的衣物觸感非常好，讓人想要像廣告裡面一樣，享受輕輕撫摸著柔軟毛巾的舒適感。

不幸的是，大部分的衣物柔軟劑也對環境有害，也可以讓你很快花費掉很多錢。所幸還有一些非常便宜又簡單可供選擇的替代品。我們的五種居家用品中有四種都非常適合用於脫鈣和軟化水質。

我們的祖父母可能就已經使用過一般的食用醋，而且是最常見的衣物柔軟劑替代品。依照水質硬度，在洗衣機放置衣物柔軟劑的格子裡加一小口醋就足夠軟化水質，並使衣物蓬鬆柔軟。

如果擔心洗衣機裡的橡膠密封件會因此受到損害或產生異味，你也可以使用檸檬酸，蘇打或碳酸氫鈉來替代。

如果使用檸檬酸，可以將大約三到五茶匙的檸檬酸粉末溶化到一公升的水中。要洗衣服時，可以在洗衣機置放衣物柔軟劑的格子裡加一到二個瓶蓋的分量。因為檸檬酸具有輕微的漂白作用，所以比較適合洗滌淺色衣物。請注意，檸檬酸只能在沒有和鋁製物品接觸的情況下使用。

蘇打和碳酸氫鈉都可以去除鈣垢，並且可以做為衣物柔軟劑的替代品。按照水質硬度，在洗衣服時將一或兩尖出來的滿湯匙蘇打或碳酸氫鈉直接加到洗衣粉裡。但還是要注意，不要把蘇打用來洗羊毛衣物和絲綢。

洗衣機保養

　　每隔幾個月就要為洗衣機做一次除垢和消毒。最簡單又最便宜的方法是使用一般的家用醋。有機的居家用品可以輕鬆簡單地替代昂貴的除鈣產品和洗衣機清潔劑，而且價格通常不到市售產品的十分之一！

　　方法非常簡單。首先，按照製造商的說明清潔排水幫浦設備中的過濾網，並清除洗衣機門邊的橡膠防漏密封圈上的汙垢和衣物留下的毛絮。然後就可以用食用醋清除洗衣機裡的肥皂殘留並防止鈣質沉澱：將半公升白醋倒入給皂器，接下來啟動空機但是不含烘乾程序，讓洗衣機運轉一周。使用最低水溫洗滌就足以完成這項任務。

　　按照水質硬度，建議每二到三個月做一次清理保養。這樣可以清洗洗衣機並除垢，還可以為你省錢。

　　保養洗衣機可以用檸檬酸來代替醋。將 100 至 150 克的檸檬酸溶解在半公升的水中，然後把溶液倒進洗衣機的滾筒，開空機洗滌，水溫不要超過 60°C。

汙漬和其他問題

▶ **簡易去漬劑**

　　碳酸氫鈉、硬肥皂和檸檬酸都適合用來製造簡單的去漬劑，預先處理特別頑強的汙漬。

　　要製作含有碳酸氫鈉的去漬劑，請將三份碳酸氫鈉與一份水混合成為糊狀物。用手指或刷子將糊狀物抹在汙漬上，然後

衣物清潔

靜置一小時。之後正常清洗。對於非常精緻且易壞的紡織品，建議事先在衣服不顯眼的地方先測試一下。

可以使用硬肥皂預先處理特別頑強的汙漬，例如青草和櫻桃汁所留下的汙漬，也可以用來清洗變黃的襯衫衣領。把汙漬的地方弄濕，並大方地在上面塗抹肥皂。然後按照正常方式把它放進洗衣機清洗。

建議使用檸檬酸溶液來清洗白色衣物上的汙漬，此劑特別適用於難以清除的白襯衫領子汙垢。要預先處理汙漬，只需簡單地將兩湯匙檸檬酸溶解在兩公升的水中，然後讓衣物浸泡一小時，接下來正常清洗就可以了。

▶ 清除衣服腋窩下的黃色汙漬

如果你經常穿白色 T 恤，那麼你可能會知道問題出在哪裡：隨著時間流逝，衣服腋下位置會出現黃色汙漬斑點，這些斑點通常無法透過正常的洗滌方法去除。

主要禍首是含鋁的除臭劑。許多除臭劑都含有抑製汗水的鋁鹽以及聚合氯化鋁。這些物質被懷疑會引起阿茲海默症和癡呆症，並具有致癌性，所以有越來越多的人使用不含鋁的除臭劑。你可以在有關身體護理的章節中找到自製的無鋁除臭劑配方。

鋁和汗水結合會產生強烈而且很難看的黃色。但沒有必要因此扔掉衣服購買新的，只要一個輕鬆的妙招就可以去除這種黃色汙漬。你需要的只是檸檬酸。把 12 至 15 克的檸檬酸溶解在 1 公升溫水中。如果要同時清洗多件 T 恤，就需要比較大的量。

將 T 恤浸泡在檸檬酸溶液中大約四個小時。檸檬酸是一種有效的除鈣劑，還可以溶解 T 恤中的黃色斑漬。把衣服拿出來之後不要脫水擰乾，直接用正常的洗滌方式清洗。幾乎所有腋窩部位的黃色斑漬都會在第一次清洗後消失；如果汗漬特別頑強，就可能需要再洗一次。

▶ **血液、葡萄酒、番茄醬的緊急處理方法**

有些棉質衣服上的汗漬要盡可能快速清除，否則將永久附著在衣服上不會消失，尤其是血液、可樂、染髮劑、番茄醬和葡萄酒。為了搶救這種情況，請在衣服上被弄髒的部位倒上大量的食用醋，然後立即將衣服放進洗衣機清洗。對付較嚴重的汗漬，建議在洗滌過程中添加 100 至 200 毫升的醋。

▶ **消除汗味**

T 恤，尤其是運動時所穿的運動 T 恤，在腋下部位會有難聞的汗臭味。有時甚至洗過也無濟於事，汗水難聞的刺鼻氣味在穿上以前就已經從腋下部位散發出來。

問題是：細菌會在布料中築巢，腋窩部位因為環境溫暖潮濕，所以也聚集了特別多的細菌。普通的洗衣粉和溫度較低的水無法消除這些細菌，因此細菌的數量每天都會增加。它們會分解汗液，並產生帶有難聞氣味的分泌物。

標準的處理方法是使用昂貴的特製產品，例如以酶為基本材料的防臭清潔劑，或是使用對環境有害的衛生清潔劑消毒。用熱水（90 至 95 度）清洗也可以解決這個問題，但是大多數鮮豔有色紡織品不允許使用熱水清洗。通常最簡單的解決方法

衣物清潔

是：扔掉，然後購買新的。

但是在許多情況下，事先使用蘇打泡浸衣服就可以解決問題。方法如下：

1. 把 1 至 2 湯匙蘇打溶解在 5 到 10 公升冷水中。
2. 把衣服浸泡到溶液裡。
3. 浸泡過夜。
4. 然後正常洗滌。

小心有顏色的花衣服：為安全起見，剛開始時蘇打用少一點（一湯匙蘇打溶到 10 公升的水），有必要時增加蘇打的分量。用這種方法不僅可以消除大部分的氣味，連血跡也幾乎可以完全清除。

衣服雖然洗過了，但是仍然會產生異味，另一個原因可能是骯髒的洗衣機。如果常用低水溫洗衣服，細菌和汙垢就會積聚在洗衣機裡。定期用醋或檸檬酸清洗洗衣機可以解決這個問題。此外，每隔幾個月用 90 度的水洗一次衣服也可以把細菌處理掉。你也應該定期清潔洗衣機的絨毛過濾網，因為頭髮，棉絮和細菌會聚集在這裡面。洗完衣服後請讓洗衣機門打開，以便讓機器內部乾燥，防止細菌滋生。

▶ 去除衣物上頑強的氣味

還有一種去除衣服上頑強氣味的方法，就是把衣服浸泡在碳酸氫鈉溶液中，因為碳酸氫鈉是一種出色的異味中和劑。要去除紡織品上的異味，只需簡單地將一滿湯匙碳酸氫鈉添加到三公升水中，然後讓衣服在溶液中浸泡一小時。然後正常洗

滌，發出霉味的衣服就會成為過去式了。這項應用也同樣要注
意：如有疑問，先測試物料和溶液之間的互容性，必要時減少
使用劑量。

衣物清潔

個人身體保養

　　碳酸氫鈉、蘇打、醋、檸檬酸和硬肥皂可直接使用而且用途多，因此可替代許多的保養品。在本章裡可以找到一些自製保養品的配方。

　　自製保養品時，乾淨的製作過程與產品的保存和使用期限關係非常密切。類似製作果醬，所有容器和工具在使用之前都必須澈底消毒。可以用沸水或一些酒精來完成消毒工作，也可以用熱蘇打溶液清洗工具、玻璃杯、蓋子和其他容器，以清除附著在表面上的細菌。

　　此外，為了延長自製保養品的保存期，通常只需添加少量檸檬汁就可以了。檸檬酸具有抗菌作用，可以自然延長許多天然化妝品的保存期限。

頭髮的保養

▶ 用碳酸氫鈉替代洗髮精

　　對許多人來說，選擇正確的洗髮精並不容易。站在滿滿的貨架前，你看到的是各種可以想像得到，針對各種不同髮質的神奇洗髮精。但是這些產品大多都包含了對頭髮或頭皮都沒有

真正好處的化學物質和塑料。

　　碳酸氫鈉洗髮精是一種健康且易於製造的替代品。要去除頭髮上的油脂和其他汙染物質，只需要在洗頭髮之前按照下列方式混合出碳酸氫鈉溶液即可。

　　按照頭髮長度和骯髒的程度你需要：

1-4 茶匙碳酸氫鈉

200-400 毫升溫水（不要超過 45 度）

　　只要把碳酸氫鈉藉由攪拌溶解在溫水中，就完成了可以溶解油脂的洗髮劑。當然，在你使用之前應該要讓溶液冷卻到適合你的溫度。

　　清洗頭髮時，可以將上述溶液分灑在濕潤的頭髮上並好好地搓洗。然後以正常方式沖洗乾淨。頭髮會立即手感柔順，頭髮與頭皮上多餘油脂也溫和地去除了。

　　每個人頭髮的亮麗和風采都是獨一無二的，因此很值得嘗試一下適合自己的碳酸氫鈉用量。最好是從較少量開始，觀察洗滌結果再根據需要增加用量。如果使用過多的碳酸氫鈉，可能會有髮尖乾枯和乾頭皮的風險。因此，洗完頭髮之後還需要使用護髮劑，例如可以使用在頭髮保養那一章裡所討論的自製護髮劑。

▶ 用硬肥皂替代洗髮精

　　你可能是只用硬肥皂就可以把頭髮洗得很乾淨的人。硬肥皂有很強的脫脂作用，而且沒有添加劑，所以只適用於某些類型的頭髮和頭皮。這也值得你嘗試看看！

▶ 乾式洗髮劑

　　市面上也買得到乾式洗髮劑，但是自己製造也非常快速容易。市面上買來的乾式洗髮劑通常含有做為噴發動力的加壓氣體，有時會有難聞的氣味。

　　自製乾式洗髮劑還可以按照自己的喜好添加香味，無需用到對環境有害的成分和包裝。此外不僅可以省時間，還可以省錢，因為只需要少量的材料，其中大多數材料在家裡通常都有。

　　需要什麼：

2 滿湯匙玉米或馬鈴薯粉

1 滿茶匙可可粉（真正的可可）

1 茶匙碳酸氫鈉（細粉狀，必要時在咖啡研磨機中磨細）

　　要製作乾式洗髮劑，只需簡單地將所有配料在細孔篩上搖晃篩過，並以這種方法混合起來即可。如果要儲存，則要將此混合的粉末儲放到可密封且不透氣的罐子裡。

　　這個配方因為添加了可可粉，所以適用於深色頭髮。如果是淺色頭髮就要用玉米粉，並避免使用可可粉。如果使用者是紅頭髮，就可以添加一湯匙肉桂粉而不用可可粉。

　　想要乾式洗髮劑發出香味，可以添加芳香精油。大約加入三滴精油即可。最好可以在研磨缽裡，或用一把豬鬃刷子將其充分混合。

使用乾式洗髮劑的方法很簡單：

1. 澈底梳理乾燥的頭髮。

2. 用大毛巾保護衣服和皮膚，以免受粉末汙染。

3. 雙手將粉末以畫圓圈的方式，在浴缸或洗臉槽上方搓揉頭部，塗抹在整個頭髮上，然後用洗頭髮的方式按摩。另一種方法是用大支的化妝刷將粉末塗抹在頭髮上。

4. 用毛巾或刷子除去多餘的粉末，使用野豬鬃毛做的刷子效果會很好，也可以使用普通的刷子，但會需要更多的耐心。然後將刷子沖洗乾淨，並使其乾燥。

接下來可以依照你習慣的髮型梳理。這麼做無需花費太多精力而且又非常便宜，洗髮的間隔可拉長一或兩天。

關於精油的過敏提醒

如果不確定你是否對任何一種精油有過敏反應，請事先對精油使用做個測試。我們建議你可以將一滴芳香精油與一滴植物油混合，塗抹在你的肘窩。如果 24 小時內皮膚沒有反應，則非常可能沒有過敏。

癲癇患者，孕婦和哺乳中的母親應該要和醫生或助產士討論使用芳香精油的問題。

護髮與芳香精油

由於精油對頭皮具有正面效用，因此有些精油特別適合添加在自製的護髮產品中：

■ 薰衣草油具有愉悅的香氣，除了許多其他的功效之外，還可以舒緩精神，解除痙攣和消炎。也可以刺激血液循環，並且促進頭髮生長。

■ 迷迭香油具有抗菌作用，可調節皮脂的形成和預防頭

個人身體保養

皮屑和油性頭皮。還可以刺激血液循環,改善皮膚的
氧氣供應及強化頭髮根部。

■ 茶樹油具有抗細菌、抗真菌和抗病毒的作用,可舒緩
頭皮受到的刺激。

■ 薄荷油有助於改善特別油膩的頭皮。

■ 鼠尾草對頭皮有鎮定的作用。

▶ **用醋做的油性頭髮潤髮劑**

蘋果醋是理想的潤髮劑,它可以使頭髮光滑柔順並且容易
梳理,特別值得推薦給油性頭髮的人在正常洗髮之後使用。按
照頭髮的長度你需要:

半公升至 1 公升冷水

1-2 茶匙蘋果醋

如有需要,加入 3-5 滴芳香精油

將所有配料混合在一起就可以製成潤髮劑了。很重要的是
要使用冷水。

蘋果醋一開始聞起來有點刺鼻,但氣味很快就會消失。如
果想完全避免這種情況,也可以使用檸檬汁,或澆上一些薔薇
果的汁液。

在正常洗過頭髮後,將此護髮劑分灑在頭髮上並澈底按
摩。然後用水沖洗掉,但這並不是絕對必要的步驟。

如果你的頭髮使用過化學劑染色,就不建議用這種酸性潤
髮劑清洗,因為它會去除人造色素。

▶ 治療頭皮屑
 📖 請參閱第 131 頁

▶ 淡化髮色
 無需使用化學強效劑就可以讓頭髮的顏色變淺，而且不會傷害到頭髮。只要使用檸檬汁或碳酸氫鈉就很容易辦到。

使用檸檬汁自然地漂白頭髮：
1. 將鮮榨的檸檬汁或市售的瓶裝檸檬汁與少量溫水混合，或是為了獲得更強的效果也可以不加水稀釋，將它塗抹在頭髮上。
2. 最好在淋浴蓮蓬下或者在浴缸上將混合物從頭上面均勻地分灑在整個頭部，或者僅將其塗在個別的髮束上。
3. 用毛巾包在頭上，或在陽光下曝曬來增加頭髮的溫度。陽光還會另外增強漂白的效果。
4. 讓它在髮上停留大約一個小時，然後沖洗掉。

使用碳酸氫鈉也可以淡化髮色：
1. 將 2 到 6 茶匙碳酸氫鈉（依頭髮的長度）與水混合成足夠塗抹整個頭部或單一髮束的混合物。
2. 將此混合物塗抹在頭髮上，用毛巾纏在頭上，或在陽光下曝曬約一個小時。
3. 然後用溫水全部沖洗掉。

 如果需要，可以多次重複這些步驟讓成果更好。

個人身體保養

也可以使用洋甘菊茶代替水來自製髮色漂白劑。洋甘菊可以增加額外的漂白作用，因為它可以抗菌和消炎，所以可以加強漂白效果，同時也可以保養頭髮和頭皮。

口腔衛生

▶ 讓口氣更清新，並且消除口臭

口腔中的細菌分解糖分會產生有害的酸，因此而引起口臭和蛀牙。這些酸反過來會侵蝕牙齒琺瑯質並造成永久的損壞。

用碳酸氫鈉讓口氣更清新

碳酸氫鈉具有鹼性酸鹼值，可以中和口臭氣味和酸，因此是對抗口臭和防止蛀牙的理想素材。使用碳酸氫鈉幾乎可以立即消除各種類型的口臭，例如由咖啡、香菸煙霧甚至大蒜所引起的口腔異味。

只需要將一茶匙碳酸氫鈉溶解在一杯水中，然後澈底漱口並漱洗，這樣就可以對抗已經生成的細菌，並明顯減少口臭。此外，碳酸氫鈉會和現有的酸發生反應並與它中和，因此可以有效防止牙齒琺瑯質受到損害。

檸檬酸使口氣清新

檸檬酸同樣有助於防止口臭。只需將檸檬切成四份然後用力咬一下，或是喝一點稀釋或未稀釋的檸檬汁，然後用它短暫地漱口即可。但是這種方法不應該經常使用，因為太多的酸會

腐蝕牙齒琺瑯質。漱口之後至少要等半個小時才可以刷牙,因為我們的身體需要這些時間來修補牙齒的琺瑯質。

▶ 製造全面保健牙齒的漱口水

你可以自己用碳酸氫鈉和一些其他配料來製造非常有效又便宜的漱口水。

含糖食品是蛀牙和口臭的罪魁禍首。從每餐、每份咖啡和果汁中攝取的糖都會被微生物轉化為酸,並腐蝕牙齒琺瑯質。使用昂貴的牙膏和漱口水可以解決這個問題,但是還有更容易的方法!

自製漱口水是保健牙齒和清新口氣的最理想手段。配料很便宜,所以你還可以節省一大筆錢。一般市售的漱口水大約要花三到四歐元,自製漱口水的成本卻不到 0.5 歐元。

自製漱口水

製造漱口水需要下列材料:

500 毫升溫水

2 茶匙碳酸氫鈉

40 克木糖醇(Xylitol)

10 滴芳香精油,例如薄荷,鼠尾草或橘子(可任選)

帶螺紋蓋的空玻璃瓶

製造這種漱口水只需將所有配料放入一個有螺旋蓋的瓶子裡,然後將瓶蓋擰緊並劇烈搖晃瓶子。幾分鐘後,所有成分都溶解在水中,自製漱口水就完成了!

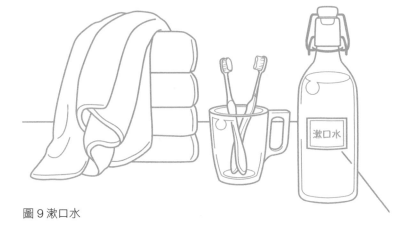

圖 9 漱口水

　　在早晨和晚上刷完牙之後，含上一小口自製漱口水，並在嘴裡各個角落用力漱洗牙齒約一分鐘，然後將它吐出。不需要另外使用清水沖洗口腔，否則效果會適得其反，因為由木糖醇所產生的保護膜會立即被清水沖洗掉。

　　這種漱口水有很多種功用。其中所含的碳酸氫鈉可以中和口腔中的酸液，從而防止它們侵蝕牙齒琺瑯質。研究報告指出，如果定期服用樺木糖（木糖醇）可以預防蛀牙，甚至減少現有的齲齒損害。木糖醇可以消除引起蛀牙的原因，並使受到影響的牙齒琺瑯質透過唾液的自然流動得以修補琺瑯質上的礦物質。和糖不一樣的是，造成齲齒的細菌沒有辦法消化代謝木糖醇，所以這些細菌無法以它維生，牙齒琺瑯質自然就不會受到破壞。

經常使用這種漱口水可減少牙垢形成。若再加上幾滴薄荷油，讓它的味道宜人清涼，可確保良好的口腔味道。

> 注意：即使做了最好的牙齒護理工作也無法取代定期去看牙醫。只有牙醫才能發現隱藏在牙齒上的損傷，並做出專業妥善的處理。

▶ 牙膏的配方

我們每天都要使用好幾次牙膏，但是這個管子裡到底包含了哪些成分呢？除了對環境有害的塑膠微粒以外，通常還含有氟化物、人造甜味劑和一些其他物質。長期以來，人們都是以批判的眼光來看待或是懷疑牙膏是否對健康有害。因此我們有足夠的理由來提出替代方案，再者，這個替代品也可以用簡單的居家用品自己動手做！

要符合怎麼樣的要求才算是好牙膏呢？

- 可以把牙齒刷乾淨，又可以保護牙齒
- 保養牙齦
- 預防結石和蛀牙
- 好味道（選項）

只需幾件東西就可以輕鬆製造自己的牙膏，並且從此再也不需要使用工業大量生產的產品了。

你需要：

   5 茶匙白堊粉或極細天然礦物泥土（ultrafeine Heilerde）

1 茶匙木糖醇

2½ 茶匙依自己喜好選擇的純露。純露是植物水（以前也稱為花卉水或芳香水），是蒸餾藥草或花朵時產生的副產品，含有許多有效成分，而且可以增進健康的口腔菌群。鼠尾草或迷迭香的純露特別適合於添加到牙膏裡。也可以沖泡濃烈的花草茶，或者用蒸餾水來代替。

1 茶匙酊劑，例如取自薰衣草花。酊劑是一種以酒精為溶劑的植物萃取物，含有該種植物的有效成分。因為它的酒精成分可以讓牙膏保存得更久。也可以用等量的純露或茶來代替。

半茶匙碳酸氫鈉，因為具有鹼性的酸鹼值，所以可以平衡口腔中過多的酸。

空的藥膏小罐或可以裝填的軟管

消毒用酒精

用這些材料可以做出約 35 毫升的牙膏。請按照以下步驟製造：
1. 準備工作：用浸過酒精的布擦拭杯子、茶匙和填裝小罐。細菌會被消除掉，牙膏可以保存更長的時間。
2. 將白堊粉或天然礦物泥土、木糖醇、碳酸氫鈉細粉末、酊劑和純露放入洗乾淨的玻璃杯中。
3. 用湯匙將所有配料充分混合。
4. 靜置一會兒，然後再次攪拌，這樣會產生乳脂狀的糊狀物。如果要更改濃稠度，請添加礦物泥土，或一滴一滴地慢慢添加純露。
5. 將完成的牙膏裝填到準備好的容器中。

最好準備好茶匙或小片狀物以便取出自製牙膏，就不必將牙刷頭浸到糊狀的牙膏裡。

剛開始用這種牙膏刷牙可能會很不習慣，因為口腔中不會產生任何泡沫或化學物質，但是這種改變會是值得的！

▶ 用硬肥皂替代牙膏

最簡單又有效的牙膏替代品是硬肥皂！使用一般肥皂就可以把牙齒刷得很乾淨。這想法可能會嚇到你，因為許多人可能還記得母親用肥皂洗孩子的嘴做為懲罰的恐怖故事。事實上，硬肥皂非常適合於用於牙齒護理：

- 味道溫和（沒有燒灼感）。
- 鹼性酸鹼值可以平衡口中過多的酸。
- 清潔效果好，可以除去附著在牙齒上的沉積物。
- 起泡性好，這是相對於刷牙粉或是用天然礦物泥土加椰子油製成的牙膏的一大優勢。
- 價格便宜得不得了，一塊硬肥皂足夠你輕鬆刷牙一整年。

聽起來很簡單，做起來也一樣簡單，方法如下：
1. 把牙刷弄濕。
2. 以轉圈圈的的方式將硬肥皂刷到牙刷上面，然後像往常一樣刷牙。

如果想要泡沫特別多，可以先把肥皂弄濕，然後用手搓揉出泡沫來。

用硬肥皂刷牙的成果讓人刮目相看，對孩童來說還是一種

特別溫和與合適的刷牙方法。儘管硬肥皂是無毒的，如果不小心吞下去也很安全，但也沒有一定要把清潔泡沫吞嚥下去。

　　硬肥皂和許多牙膏不同的是本質上不含有研磨作用的顆粒。如果你不是使用太過柔軟的牙刷，這種顆粒是沒有必要的。如果你每天早上和晚上都很規律地認真刷牙，那就更不需要研磨顆粒了。

　　不妨嘗試一下硬肥皂，你會驚覺它的刷牙效果真的很棒！

▶ 用刷牙粉美白牙齒，防止牙齒變色

　　自製刷牙粉是一種天然又有效的傳統牙膏替代品。它可以非常有效地防止黏膩的齒垢和牙齒顏色的變異，如果經常使用還可以在不傷到牙齒的情況下讓牙齒美白。

自製刷牙粉需要使用：
　　5 湯匙乾燥的玫瑰花瓣
　　3 湯匙乾燥的鼠尾草，薄荷，或其他自選的藥草
　　1 茶匙碳酸氫鈉粉末
　　1 茶匙細天然礦物泥土
　　1 茶匙木糖醇

　　將所有配料放在研磨攪拌機或研磨缽中一起研磨成細粉。要刷牙時，請將少量粉末撒在潮濕的牙刷上，或直接放進嘴裡。然後正常刷牙。

　　感謝上述珍貴的天然材料，刷牙粉才能在不傷害牙齒的情況下清除附著的齒垢。藥草可保護敏感的牙齦，具有抗菌作

圖 10 美白刷牙粉

用，有助於健康的口腔菌群。根據研究，木糖醇有助於減少會製造酸性物的細菌，並防止蛀牙形成。

　　存放在密封良好的錫罐中，這種自製刷牙粉可以保存好幾個月。

▶ 減少牙齒變色並美白牙齒

　　如果你的牙齒有嚴重變色的問題，用碳酸氫鈉做一次深層密集治療有助於牙齒保養。這個方法可以讓你用碳酸氫鈉取代昂貴的牙齒美白治療。

　　將碳酸氫鈉粉末撒在潮濕的牙刷上，然後用它刷牙。幾週後，你的牙齒將明顯地變明亮。請注意，一定要使用細的碳酸

氫鈉粉末，而不是顆粒粗糙的碳酸氫鈉。

別忘了，每天刷牙三次對保持牙齒健康美觀非常重要。如果牙齒嚴重變色，則應該要檢查一下自己的生活習慣：吸菸、大量飲用咖啡和茶以及其他習慣是造成牙齒變色的部分原因。

▶ 清潔假牙

假牙浸放在碳酸氫鈉溶液中過夜不但不會損傷，還會變乾淨，難聞的味道也會消失。只需把一茶匙的碳酸氫鈉溶解在一杯水裡面，然後將假牙放進去就可以了。如有必要，在早上可以用假牙牙刷把殘留的齒垢刷洗乾淨，這樣不需要昂貴的清潔劑就可以戴上清新芬芳又乾淨的假牙了。

肌膚保養

▶ 油性和不乾淨肌膚的臉部化妝水

有一種可以讓肌膚美麗又健康的絕佳天然保養品，那就是自然混濁的蘋果醋。它包含 90 多種成分，包括葉酸、β 胡蘿蔔素、維生素 C，類黃酮、丹寧酸和有機酸。天然醋具有對皮膚中性的酸鹼值，可支撐酸性保護膜，不會像其他鹼性物質和肥皂那樣弱化這個保護膜。它不僅可以溫和地清潔皮膚，還具有滋養保護皮膚的功效，所以值得推薦。

稀釋的混合蘋果醋特別可以幫助解決肌膚不乾淨和油膩的問題。但是，所有的肌膚類型都可以從蘋果醋獲得促進循環的功效，讓皮膚清爽，並且感覺變得更緊實。肌膚清潔的方式如下：

1. 將二或三湯匙天然混濁的醋與一公升水混合。
2. 在正常洗臉之後，用洗臉毛巾或化妝棉將混合液塗抹在臉上，輕輕地在臉上擦拭。
3. 用毛巾輕輕拍點皮膚使其乾燥。

　　這種清潔方法也適用於在淋浴後大面積地清潔整個身體的肌膚。

▶ 保護臉部肌膚並使其更加柔軟的清潔方法

　　如果你的臉部肌膚不能適應肥皂，就應該嘗試使用碳酸氫鈉溶液。將四茶匙碳酸氫鈉溶解在洗臉槽的溫水中，然後用此溶液洗臉。接下來不要沖洗，而是讓它自行乾燥，這樣皮膚會變得乾淨又柔軟舒適。

▶ 對抗痘痘和粉刺

　　皮脂腺堵塞（也稱為粉刺）和不乾淨的油性皮膚是毛細孔發炎、膿皰和痘痘的初期階段。多餘的油脂和老壞的皮膚細胞會在皮膚上形成一個皮層而堵塞了皮脂腺，也阻礙了皮膚的自然代謝。你可以使用各種居家用品來消除難看的粉刺，並且防止它不會變成發炎的膿皰和痘痘。

用碳酸氫鈉去角質

　　解決這個問題的一個簡單方法是溫和地去角質，以去除多餘的油脂和死去的皮膚層。但是，你不必立即去尋找昂貴的化妝品，因為碳酸氫鈉同樣有效。混合各半茶匙碳酸氫鈉和精製

海鹽，再添加一到兩茶匙溫和的液體肥皂或洗手乳液，讓它變成漿糊狀的混合物。然後用手指把它塗抹在臉部受影響的部位，尤其是額頭、鼻子和臉頰。

讓這混合物留在肌膚上五分鐘，然後以輕微轉圓圈的方式摩擦。死去的皮膚細胞會脫落，皮膚會變得更光滑柔軟，並且清除了阻塞毛孔的油脂和皮脂。隨後用洗臉毛巾拭去殘留的糊狀物，並用清水澈底洗淨臉部。這時立即可以感覺到皮膚更加地光滑，也沒有被阻塞的毛細孔了。經常使用此配方洗臉，痘痘幾乎再也沒有機會回到你的臉上。

檸檬酸有助於對抗粉刺

如果你想更快的效果，半顆檸檬也有助於對抗粉刺。小心地將檸檬的切開面塗抹在臉部患處，然後讓檸檬汁滲入皮膚。它具有抗發炎的作用，並且可以溶解多餘的油脂，你可以接著洗臉，將這些溶解的油脂一起洗掉。但是這種方法無法消除皮脂腺被角質細胞阻塞所引起的粉刺，要消除這類油脂，更適合使用上述的碳酸氫鈉去角質。

使用硬肥皂預防痘痘

硬肥皂具有特別強力的清潔效果，所以也是一種對抗膿皰、粉刺和痘痘的好物。它可以去除皮膚上多餘的脂肪，並摧毀膿皰賴以滋長的糧倉。但是這種方法必須要慢慢測試，以觀察你的皮膚對使用硬肥皂洗臉有什麼樣的反應，因為過度使用會刺激皮膚，並使得皮膚乾燥。

▶ 防止鬚部假性毛囊炎和皮膚刺激的刮鬍水

刮鬍後，你的皮膚是否受到過度刺激，是否有紅斑，出現小膿皰，或向內生長的鬍鬚？這種情況用蘋果醋也可以快速處理。如果只在幾個地方有問題，請用蘋果醋沾濕棉花墊（我們使用舊衣服縫製化妝墊）來治療患處。

要定期處理大面積也可以，但是建議事先將醋稀釋。根據皮膚的敏感性，合理的醋含量為 10% 到 50% 之間。

圖 11 刮鬍水

▶ 洗手、軟化並去除異味

硬肥皂

硬肥皂最原始的用途是用來清潔身體。如果想要去除頑固的汙垢，硬肥皂絕對是上上的首選。除此之外，硬肥皂是去除油漆殘留或工作後被機器沾染到的嚴重汙垢的最佳選擇。

但是皮膚非常敏感的人要謹慎使用，因為它會使皮膚嚴重脫脂。

碳酸氫鈉

如果你的手在切洋蔥或大蒜後聞起來不舒服，可以用少許碳酸氫鈉和水清洗，中和這種氣味。當然，同樣方法也有助於消除其他難聞的氣味。碳酸氫鈉還可以讓皮膚柔軟光滑。

食用醋

在辛苦工作之後雙手特別髒，就算是使用肥皂也沒有辦法可以洗乾淨時，可以用醋來洗手！和少許玉米粉混合，用它輕輕揉搓雙手，然後把洗乾淨的雙手擦乾就可以了。

▶ 製造肥皂液

你喜歡使用給皂器裡的液態肥皂嗎？由於成本關係，大多數這種產品都只包含了用人工合成的界面活性劑和其他人工合成物質。如果你喜歡更天然的產品，而且喜歡使用真正的肥皂，那麼請使用天然肥皂或硬肥皂來自己製造肥皂液！

要製造一公升有機洗手肥皂液，你需要：

25 克有機硬肥皂

500 毫升水

1 茶匙蜂蜜（選用）

1 茶匙甘油（選用）

1 茶匙橄欖油、椰子油或芝麻油（選用）

食用色素（選用）

空的液態給皂器

製作非常簡單，方法如下：

1. 用廚房刨絲器細磨肥皂，並將它和水加到湯鍋裡，然後用打蛋器攪拌。
2. 在連續攪拌下將溶液煮沸。
3. 放置讓其冷卻，並在冷卻時澈底攪拌數次。
4. 添加自選的保養配料，例如一茶匙蜂蜜，一湯匙椰子油、橄欖油或芝麻油，以及一茶匙甘油和食用色素。
5. 用電動攪拌器以最高速度將它攪拌均勻。長時間攪拌和打進去的空氣會產生非常柔潤的稠度，而且整體會變得略呈乳脂狀。
6. 將製作完成的液體肥皂裝入給皂器。

　　必要時，上述配料分量必須略作調整，因為每種不同的肥皂在溶解時會產生不同的濃稠度。

　　液態肥皂只有在冷卻後才能呈現出真正的稠度。如果最後的結果太稀，則應添加更多的肥皂，如果結果太稠，就必須多

個人身體保養

添加水量。

　　即使沒有添加自選的配料，也可以製造出非常優質的肥皂液，還可以用來衍伸出其他不同的配方。使用上述的自選配料可以讓肥皂更精製，並且改善它的濃稠度：

■ 滴幾滴甘油，以確保用此肥皂洗過之後皮膚不會變乾燥。

■ 少許蜂蜜可以讓肥皂添加珍貴的保養物質，並增加愉悅的香味。

■ 橄欖油、椰子油或芝麻油可以使肥皂更滑潤，讓皮膚更舒適，並且由於它們殘留油脂的效果，還可以強化皮膚的保養。

■ 必要時可以使用食用色素給肥皂著色，例如用來當贈禮。

▶ 抗炎的沐浴添加劑

　　在浴缸水中加入蘋果醋，可以達到增強血液循環和緊緻皮膚的效果。200 至 250 毫升就足夠讓你享受 15 分鐘的全身浴。如果你喜歡，可以在蘋果醋中添加一把下列添加劑，讓你的沐浴獲得更多護理特性：

■ 鼠尾草葉：消炎和止汗

■ 洋甘菊花：抗菌和乾燥

■ 薰衣草花：抗菌和舒緩

■ 玫瑰花瓣：消炎和消腫

■ 迷迭香葉：抗菌、活化並促進血液循環

■ 橘皮：舒緩

　　在你想要選用的材料中加入 250 毫升蘋果醋。將溶液放置

在陰涼的地方兩週，讓添加物的精華融入蘋果醋中。濾掉添加物之後就可以倒入浴缸使用。

▶ 鹼水浴可以爽身醒腦，又可促進血液循環

　　📖 請參閱第 133 頁

▶ 保養膚髮的沐浴精

　　無法使用固體肥皂來清洗皮膚和頭髮的人可以使用以下的居家配方製成天然沐浴精。

　　自製沐浴精的原理和自製有機液態洗衣劑非常相似。你需要以下配料來製作基本配方：

　　20-30 克硬肥皂

　　2 湯匙植物油（例如橄欖油，芝麻油或葵花籽油）

　　400 毫升水

　　15 毫升液態植物卵磷脂當作乳化劑，使不同的成分可以融合得更好更均勻（選用）

使用的肥皂脂肪含量越高，所需的植物油就越少。製作方法如下：

1. 用刨絲器將肥皂磨碎，或用小刀將肥皂切成小塊。
   把水燒開。
2. 將磨碎的肥皂或小塊肥皂放入水中，用攪拌器攪拌，直到肥皂完全溶解為止，然後將湯鍋從爐上取下。
3. 在冷卻過程中反覆攪拌，以便調出均勻的黏稠度。
4. 當液體還略微溫熱時，加入自選的油和卵磷脂，然後再次充

個人身體保養

分攪拌混合。

　　請注意，每種肥皂都不一樣，所以冷卻後混合物的黏稠度有時需要微調。如果成果太稠或太稀，可以再添加一點肥皂或水，然後將全部再短暫地加熱一次。

　　使用以下自選配料可以精製你的沐浴精，並賦予它更多保養特性：

■ 精油可以增添個人香氣，還有提神的效果。如果是晚上淋浴，請嘗試薰衣草油。如果比較常在早上淋浴，我們建議你使用像薄荷這樣清新的油。

■ 生蜂蜜具有抗菌作用，可保濕和延緩皮膚的老化。為了不讓蜂蜜中所含有的重要酶素流失，不應該把蜂蜜加熱，在微溫或冷液體中攪拌就可以了。

■ 想要增加更多香氣和更多重的保養，可以在煮水時添加一個茶包，或者使用花園裡或自然生長的香草。

■ 甘油可以改善沐浴精的保濕特性，從而提高保養效果。

　　如果你不想使用卵磷脂，那麼在經過一段時間之後，沐浴精裡面所含的各個成分會稍微互相分離，因此在使用前需要用力地搖晃瓶子。

▶ **用蘋果醋簡單有效地去角質**

　　去除死去的皮膚細胞鱗屑可以讓皮膚更容易新生。可以每週使用一次下列的治療方法。它可以防止痘痘，使皮膚清新和緊緻。你需要：

個人身體保養

2 湯匙蘋果醋

碗

毛巾

亞麻布或棉布

溫水

去除衰老死去的皮膚細胞鱗屑：

1. 將溫暖的濕毛巾放在皮膚上兩分鐘，讓毛孔張開。
2. 將天然混濁的蘋果醋放入盛有溫水的碗中，然後將亞麻布浸到溶液裡。
3. 將亞麻布蓋在皮膚上，然後用濕毛巾放在上面增加重量。
4. 放置五分鐘讓蘋果醋起作用。
5. 用溫水澈底洗淨皮膚。
6. 用濕毛巾澈底搓拭處理過的皮膚。浸泡過的皮膚薄屑會很容易脫落。

> 提示：沒有使用衣物柔軟劑洗過，較硬且有粗糙結構的毛巾最適合用來去除皮膚角質。

▶ 製作沐浴球

　　要製作沐浴球很簡單也很快，把它放在浴室裡會非常引人注目。沐浴球適合用來當個人伴手禮、向人致謝時的小禮物，或是讓自己享受完全放鬆的沐浴。當它在浴缸裡冒著氣泡散發出香氣時真的很特別。如果你自己製作，會完全清楚裡面到底

包含了哪些成分！

要製作大約 15 顆小沐浴球，你需要：

65 克碳酸氫鈉粉末

40 克檸檬酸粉末

35 克奶粉或嬰兒食品

35 克可可脂

15 克乳木果油

15 克高脂植物油，例如杏仁油

大約 15 滴自選的芳香精油，用以添加香味

15 個矽氧樹脂或紙製的球狀大小模型

按照下列步驟製作沐浴球：

1. 將可可脂和乳木果油用隔水加熱融化，然後立即從爐子上移開。
2. 在另一個容器中將碳酸氫鈉、檸檬酸和奶粉在乾燥情況下充分混合均勻。
3. 將融化的脂肪與植物油和粉末混合物攪拌混合。
4. 在上述混合物中加入精油並攪拌。
5. 最後，將混合物倒入模具中，並放入冰箱中靜置至少兩個小時。

下列香料混合物特別適合和各種精油一起使用：

10 滴香草精，3 滴零陵香豆（Dipteryx odorata）

7 滴薰衣草，3 滴檸檬，3 滴迷迭香

8 滴柑橘，2 滴山雞椒精油（Litsea Cubeba），2 滴零陵香豆

　　將這些沐浴球放在一個小盒子裡包裝好，特別適合用於個人禮物。你也可以犒賞自己，使用自製的天然沐浴球泡澡。

▶ 製作泡泡沐浴錠

　　自製泡泡沐浴錠或汽泡彈的方法非常相似。要做出三到五個球狀錠你需要：

　　45 克可可脂，最好是有機的

　　100 克碳酸氫鈉

　　10 克芡粉（例如烘焙用的玉米芡粉）

　　10 克奶粉或嬰兒食品

　　60 克檸檬酸

　　1 克著色粉（可自選，例如有色礬土）

　　10-15 滴香精油，添加香味用（例如薰衣草油）

製作沐浴錠的方法如下：

1. 將可可脂在隔水加熱中融化。
2. 將所有的乾燥配料放在一個大碗中充分混合。
3. 慢慢少量地將融化的可可脂加到上述的乾燥混合物中，然後充分揉合。揉好的混合物團塊應具有與酥皮糕點麵團相似的稠度。如果太黏，就再加一點碳酸氫鈉。
4. 最後加入精油，並且再充分搓揉一次。

　　現在可以在工作台上將整團充分搓揉過的混合物鋪開，擀平，然後壓製成自己喜歡的形狀。也可以用手搓成像高爾夫球大小的球。你在這個步驟上可以放任無限的創意。但是，請注

意要快速處理這一大團混合物，否則它會很快就凝固起來。做好你的沐浴汽泡彈之後，將它放入冰箱約一個小時，讓它們完全變硬。

包裝精美的沐浴汽泡彈可以當作很好的送人小禮物。你的親友可以在使用天然材料又香味十足的氣氛中，好好享受輕鬆愉快的沐浴。特別因為那是你用滿滿愛心，手工親自為他們製造的。

除臭劑

現在大多數除臭劑都包含氯化鋁或類似的物質，用以抑制流汗。但是使用這種物質很具有爭議性。鋁化物會透過皮膚進入人體內的循環系統而被身體所吸收，並可能會聚積在體內。這種化合物被懷疑會引起癌症，失智和其他疾病。

用天然產品來替代除臭劑十分容易，因為用簡單的居家用品就可以自己製作。在接下來的幾頁中，我們會把最好的配方介紹給你！

自製除臭劑中的精油

除了用來減少汗液產生和身體異味的居家用品之外，自製的除臭劑通常還包含各種芳香精油。它們可以為除臭劑帶來愉悅的香味，並且因為可以抗菌和抗真菌，在某些情況下還具有收斂效果，提高了除臭劑的效用。

許多芳香精油或精油的組合可以調出個人喜歡的香氣。薄荷油具有特別的清新感，柑橘香可以提升快樂的情

緒。玫瑰草精油散發著玫瑰的香氣，而雪松則使除臭劑更具男人味。下列精油也很適合添加到除臭劑裡：

鼠尾草，快樂鼠尾草，萊姆檸檬和柏樹具有調節汗水的功效。

茶樹油具有特別強的抗菌作用，還有減少異味形成的功效。

有關精油過敏

如果你不確定是否對任何一種精油過敏，請在使用前先做個測試。可以將一滴芳香精油和一滴植物油混合後，塗抹在你的手肘彎處。如果 24 小時內皮膚沒有任何不良反應，則可能沒有過敏。癲癇患者，孕婦和哺乳的母親應該要和醫生或助產士討論精油使用的問題。

▶ 用醋當作除臭劑

稀釋的蘋果醋可以用作具有輕微除臭作用的除臭劑。因為它也具有收斂作用，所以也可以減少汗液的產生，進而減少了會引起異味的細菌。淋浴或沐浴後，用手或化妝棉在腋下塗抹 1：10 稀釋的蘋果醋，然後按摩讓它滲入。你會感覺到它也會使皮膚產生清爽的感覺。可以將一些鼠尾草葉片浸泡在蘋果醋中增強效果。

▶ 用碳酸氫鈉粉做除臭劑

純粹的碳酸氫鈉本身就已經是最理想的除臭劑，因為它可以有效地中和異味。最好使用磨細的碳酸氫鈉粉末，你可以用棉球或僅用手指將其撲灑在乾燥的腋窩上。

個人身體保養

116

▶ **用碳酸氫鈉製作滾珠除臭劑**

你可以簡單輕鬆地製作自己的不含鋁成分的除臭劑。方法簡單，配料非常便宜。你需要：

2 茶匙碳酸氫鈉

1-2 茶匙食用芡粉

5 滴按所需香味和抗菌效果自行選用的芳香精油，例如茶樹油或薰衣草油

100 毫升水

空的除臭劑滾珠瓶（在藥房購買或回收舊的除臭劑滾珠瓶）

按照下列步驟，你可以製作屬於自己完全不含鋁成分的除臭劑：

1. 將湯鍋裡的水加熱，然後加入食用芡粉攪拌。
2. 讓鍋裡所有的東西短暫煮沸，直到有點類似糖漿的稠度。如有必要，可以添加多一點芡粉。
3. 讓混合物冷卻至大約 30 度。
4. 加入碳酸氫鈉攪拌直到溶解。
5. 加入五滴芳香精油，攪拌均勻。
6. 裝進空的除臭滾珠瓶。

自製的滾珠除臭劑就這樣完成了！效果非常好，整個滿滿滾珠瓶的除臭劑只需花費幾個歐分。你可以根據所用芳香精油的類型和分量來調整香氣的濃度。在此請注意，有些人對某些精油會有過敏反應。要避免這種情況，可以做一個在第 116 頁上說明的簡單測試。對於出汗過多的人，也可以略微增加碳酸

氫鈉的含量。

▶ 用碳酸氫鈉和椰子油製作除臭霜

如果你的皮膚特別敏感，請嘗試使用自製的除臭霜。它只包含三或四種配料，你可以根據需要和喜好添加芳香精油以增加香味。

你需要：

3 茶匙椰子油

2 茶匙碳酸氫鈉

2 茶匙食用芡粉

5 滴你自己喜歡的芳香精油（可自選）

混合用的碗和湯匙

容器以保存做好的除臭劑，例如軟膏罐

椰子油在夏季會變成液態，可以按它原來的狀態使用。如果油脂仍然是固態，請先隔水加熱。

製作除臭霜的步驟：

1. 碳酸氫鈉和芡粉均勻混合。
2. 加入一部分的液態椰子油，但不要一次全部加入，這樣才容易控制濃度。
3. 全部均勻攪拌混合，直到變成柔軟的糊狀膏為止。
4. 如有必要，可以添加更多的椰子油直到變成柔軟的乳霜狀。
5. 最後可自選加入 10 滴芳香精油以增加香氣。
6. 將除臭霜裝到罐中。完成！

個人身體保養

提示：如果使用更多的荵粉，混合出較固態的除臭霜，可以裝到棒狀容器中，而不是罐子裡。把它放在冰箱裡兩個小時，讓油霜變硬，這樣就可以做出一支真正的除臭棒。當然，在盛夏時除臭棒會變軟，因此請將它保存在冰箱中。

使用時，只需用手指取出少量，然後塗抹在腋窩上。

如果剛剛剃過毛，使用這個油霜就要小心，因為它可能容易產生灼熱感，實際情況要取決於你皮膚的敏感程度。如果你有皮膚過敏的傾向不應每天使用除臭劑，因為其中所含的碳酸氫鈉可能會太強，很容易刺激腋下的皮膚。在這種情況下最好使用不含碳酸氫鈉的配方。

▶ 用碳酸氫鈉，椰子油和乳木果油製作除臭棒

如果你喜歡像除臭棒這樣的固態除臭劑，可以嘗試以下的替代方案。用天然成分做出來的除臭棒非常適合用來每天保養腋窩。椰子油和乳木果油可以保濕，可可脂可以滋養乾燥的皮膚，碳酸氫鈉可以中和異味。

製作除臭棒，你需要：

20 克椰子油

10 克乳木果油

10 克可可脂

45 克碳酸氫鈉

10 克天然礦物泥土（或者可以選擇另外加 10 克碳酸氫鈉）

5 滴芳香精油以加強香味（請參閱第 115-116 頁）

空的除臭棒或紙做的巧克力糖果模子

製作固體除臭劑的步驟如下：

1. 將可可脂、乳木果油和椰子油隔水加熱，用小火慢慢融化。

2. 混合乾燥的配料，添加到上述液態脂肪裡攪拌。

3. 添加芳香精油。

4. 將整塊混合物裝進棒狀或糖果模子裡，放在冰箱中冷卻 3 小時。

　　如果要製成較小的條狀，還可以在添加芳香精油之前將整塊混合物分成多等分，按照自己的創意和喜好做成不同香味的除臭條。這樣就可以在不同的日子依照心情選擇適合的香味。除臭條也適合在旅途中使用。只需將其包裝在小罐子裡，即可放入手提包內。

▶ 碳酸氫鈉除臭噴霧劑

　　對於除臭噴霧劑的粉絲，我們也有自製的替代品。本配方是你能用最快速度製作出來的除臭噴霧劑。

你需要以下的配料和用具：

90 毫升水

1 茶匙碳酸氫鈉

5-10 滴芳香精油

噴霧瓶

製作除臭噴霧劑只需要三個步驟：

1. 將水燒開。
2. 在開水冷卻時，將碳酸氫鈉溶解在水中。
3. 加入芳香精油並將其攪拌均勻。

　　這樣自製的除臭噴霧劑就做好了！現在可以將它裝在噴霧瓶中，並像一般的除臭噴霧劑一樣使用。如果你會流很多汗，建議可以稍微增加一些碳酸氫鈉的量。但是請注意碳酸氫鈉一定要完全溶解，噴霧軟管也不可以堵塞。在這個配方裡，細粉的碳酸氫鈉要比粗粒（例如 Kaiser Natron）更合適。為了獲得更多的保養效果，你可以用蘆薈凝膠來代替最多一半的水。

　　每次使用之前要短暫且大力地搖晃除臭劑。如果液體沒有很快地滲入腋窩，也可以輕輕按摩。天氣炎熱的時候最好把它放在隨時可以拿到的地方，以便在有需要時可以立即噴灑。

化妝品

▶ 清潔和美白指甲

　　檸檬汁不只可以讓指甲變得很乾淨，還可以稍微美白指甲。如果你正煩惱著因為抽菸而指甲變色，那我們建議你可以嘗試以下方法。

　　用肥皂和刷子澈底把指甲刷洗清潔。將半顆檸檬的汁倒入裝著溫水的杯子裡，然後將指尖放到檸檬汁裡浸泡五分鐘。檸檬酸可以溶解剩餘的污垢，其美白效果會讓指甲稍微亮白。如果再用檸檬皮內面打磨指甲，效果會更顯著。

▶ 讓指甲油更持久

為了讓指甲油在指甲上維持更長的時間，可以用醋來預先處理。將一份醋與兩份水混合，將指甲浸入五分鐘，然後將其澈底擦乾。醋可以去除殘留的指甲油，也可以去除指甲上的脂肪，清理指甲的表面。這樣就可以讓接著要塗上去的指甲油延長附著的時間。

▶ 卸妝

如果你在尋找天然又可以替代化學藥品製作的卸妝方案，牛奶和檸檬汁是不二之選。只要把一些牛奶與少許檸檬汁混合起來就可以了，就是這麼簡單，你需要的天然卸妝液就完成了。可以將它們塗在棉花球或自製的化妝棉上，然後輕輕地清潔皮膚。其中所含的檸檬酸可以刷新並清潔毛孔深處，抗氧化劑可溶解毒素，從而幫助皮膚再生。清潔之後，皮膚會感覺乾淨光滑。如有必要，可以接著塗抹清淡的面霜以促進皮膚的再生機能。

▶ 減少黑色素斑和老年斑

定期使用檸檬汁會有輕微漂白的作用，因此可以美白皮膚。如果你發現手掌，手肘和膝蓋上有黑斑，可以用純檸檬汁擦拭。幾次之後，皮膚就會明顯變得更白更柔軟。這種方法也可以用來緩和雀斑和老人斑的問題。

個人身體保養

122

身體健康

內服

▶ 排毒、傷口癒合和抗痘的健康飲料

蘋果醋蜂蜜飲料對你的肌膚有很多好處，因為它能從體內產生清潔效果。它可以幫助器官的代謝功能，醋和蜂蜜的抗炎作用還可以促進傷口癒合。我們也建議用它來治療粉刺痘痘。製作這種多功能的健康飲料，你需要：

2 茶匙蘋果醋

1 茶匙蜂蜜

1 杯水

飲品最好用新鮮的配料來混合製成。在早上空腹時慢慢地喝下，這樣的效果最好。每天最多可喝三次，可以幫助傷口癒合和淨化身體。

▶ 蘋果醋療法

你可以將健康的蘋果醋當作清爽的解渴飲料，甚至可以用來療養消化系統疾病或減重。療程要持續六個星期，而且至少

圖 12 健康飲料

要一星期才會顯現出預期的效果。

你可以用下列配料做出一天分量的健康飲料：

300 毫升水

2 茶包綠茶或相當分量的茶葉

3 湯匙蘋果醋

一顆檸檬的汁

1 小塊新鮮的薑

2 湯匙你喜歡的自選甜劑

0.7 公升氣泡水或無氣泡水

這樣就可以做出自己的檸檬汽水了：

1. 用 300 毫升的水和茶葉沖出茶水，讓它冷卻。
2. 除了氣泡水之外的其他配料都放到果汁機或攪拌機裡好好混合。
3. 加入氣泡水，然後分配在一天之內飲用，最好是在飯前一小時飲用。

　　檸檬汽水的配料可以加強蘋果醋的代謝效果。綠茶含有兒茶素，可以刺激並促進脂肪燃燒。薑和檸檬裡的龍腦、桉葉素成分含有可以促進消化的酶。

多種多樣的變化
　　可以用很多種方式改變蘋果醋檸檬汽水的成分，以免長時間的療程下來讓你提不起勁。如果你主要想減肥，請使用拉帕喬茶（lapacho tea）或南非國寶茶來代替綠茶。如果想要增強排毒效果，建議用樺木葉茶或瑪黛茶的茶水製作檸檬汽水。瑪黛茶也像綠茶一樣有刺激性，可以給你蓬勃的朝氣迎接一天的開始。
　　檸檬汽水中的檸檬可以用近親的萊姆代替。你也可以嘗試用辣椒來代替薑汁調味，這樣可以刺激新陳代謝。
　　為了取得最佳效果，最好使用渾濁的有機蘋果醋來製造檸檬汽水。這種醋是由整顆蘋果製成，而且沒有經過過濾。

▶ **緩解喉嚨痛和吞嚥困難**
　　用醋漱口也是一種久經考驗的療法，用來舒緩喉嚨痛和喉嚨感染的不舒服。由於細菌或病毒感染使得上呼吸道黏膜腫脹

和發炎，造成吞嚥困難，聲音嘶啞和喉嚨灼痛。這些感冒或流感的併發現象通常會持續三天，但可以用醋水漱口來緩解。

早晨起床後用醋水漱口有助於緩解症狀，如有必要，每天可以執行數次。用兩茶匙溫和的蘋果醋攪入一杯水中。一茶匙的蜂蜜和少量檸檬汁也能增強其效果。蘋果醋，檸檬汁和蜂蜜具有抗菌防腐和消炎作用，可以減輕症狀，並且可以幫助身體自療。

在喝熱飲時可以加一點檸檬汁，這樣可以緩解感冒的不適。

▶ 平衡酸性代謝產物

碳酸氫鈉溶液和人體的許多生理功能有關。它可以保護胃壁免受強酸性胃液的侵蝕，並參與體內酸鹼平衡的調節作用。

許多糖尿病患者會在日後出現腎功能障礙，這會影響酸性代謝產物的排除。反過來，太多的酸也會使糖尿病惡化。

碳酸氫鈉可以幫助打破這個惡性循環。用兩茶匙碳酸氫鈉做 20 分鐘鹼水浴，可以從體外讓身體脫酸。你也可以內服碳酸氫鈉水來協助脫酸。每天早晨、中午和晚上各喝一杯溶解約一克碳酸氫鈉的溫水就可以達到此目的。

但是如果你要長期服用，則應該要先和醫生討論。碳酸氫鈉可以短期排除過度酸化的症狀，但更重要的是要弄清病因以消除症狀。

▶ 防止運動造成的肌肉過度酸化

耐力運動中長期而強烈的身體負荷會導致酸性代謝產物積聚在體內，因而可能導致肌肉過度酸化，通常會是令人不舒服

的肌肉痠痛和持久力衰退。

要解決這個問題，用碳酸氫鈉脫酸也同樣有幫助。更好的辦法是事先防止過度酸化。在預先計畫好的運動訓練課程，比賽或耗體力的健行旅行的前一天早上，中午和晚上各喝一杯泡一平茶匙碳酸氫鈉的溫水。

這樣不僅可以減少壓力會帶來的不適，還可以提高耐力。

▶ **反制噁心**

對許多人來說，檸檬汁的氣味就已經可以紓緩胃部，因而減輕因疾病，懷孕或胃部不適而引起的噁心。

喝下檸檬汁的效果會更好。從一小塊檸檬裡把汁液吸出來，或將一茶匙檸檬汁和蜂蜜倒入一杯水中，然後慢慢地喝下，必要時一口一口地喝。通常這種混合的汁液可以立即緩解噁心的症狀。

▶ **消除腹脹和胃灼熱**

胃灼熱有多種原因，包括狼吞虎嚥，缺乏運動，太過油膩或過甜的食物，酒精，抽菸，超重和壓力大等。如果你經常有胃灼熱和腹脹的症狀，就需要檢查你的生活習慣，如有必要也建議你去看醫生。

碳酸氫鈉長久以來是一種緩解胃灼熱的居家療法，甚至還製成專門用來反制胃灼熱的產品，也就是 Bullrich Salz 制酸錠。它無須處方箋，也不是只在藥局出售。

由於碳酸氫鈉對酸的中和作用，服用之後確實可以立即消除灼燒感，或至少可以減輕。如有急性症狀，可以服用一或兩

片碳酸氫鈉制酸錠，或將一茶匙碳酸氫鈉溶解在半杯水中飲用。

碳酸氫鈉可以用作胃灼熱的急救，但不應是長久的解決方案，因為它只能解決症狀，不能解決原因。即使疼痛很快緩解，身體也會繼續對胃發出訊號告知需要更多的酸來消化食物。不舒服的灼熱遲早會再回來。

▶ 對抗宿醉

一整晚聚會後產生了宿醉，部分原因也是體內含酸度過高。如果在漫長夜晚過後頭部仍然嗡嗡作響並且有反胃症狀，可以服用碳酸氫鈉來緩和或解決。溶解在水中的碳酸氫鈉片可中和過多的胃酸，並迅速緩解症狀。

皮膚健康

▶ 抗濕疹和皮膚癬的沐浴添加劑

碳酸氫鈉在很多方面可以用來維護皮膚健康。將它用作鹼水浴中的添加劑可以加強皮膚代謝，並對抗濕疹和皮膚癬。

▶ 抗腳汗和足癬

碳酸氫鈉是抵抗腳汗和足癬（俗稱香港腳）的天然方式。每週使用鹼性水泡洗腳部數次。在一碗熱水中加入約 100 克碳酸氫鈉，也可按自己的喜好添加鹽和例如鼠尾草之類的藥草。鹼水浴有清潔，排毒以及促進血液循環的功效。除此之外，也可以使又厚又脆的腳部皮膚角質變柔軟，更容易將它剪除。

醋也可以用來對付腳汗和皮膚癬，因為它可以殺菌和除

圖 13 抗腳汗

臭。經常潮濕和腳汗等不利的皮膚環境是皮膚癬滋生的溫床。每天用未稀釋的食用醋輕拍患處 3 次就可以了。另外，每公升水加入兩湯匙醋的足浴也會有幫助。

為了避免穿過的襪子造成傳染風險，在清洗襪子之前可將它們浸入醋溶液中。

▶ 治療甲癬

甲癬（俗稱灰指甲）是一種最持久頑強的皮膚疾病。對抗它需要耐心而漫長的治療，通常需要好幾星期甚至幾個月的時間。

醋和碳酸氫鈉都有助於消除症狀的原因，還可以減少汗水

形成。你可以使用對抗足癬的足浴來治療。每天重複治療，直至病癥完全消失為止。

▶ 治療甲溝炎，去除角質和碎屑

加上硬肥皂的熱水足浴有助於防止甲溝發炎，並有助於去除厚實的皮膚角質和碎屑。

只需在熱水中加入一點硬肥皂，然後將雙腳浸入幾分鐘使其軟化。如果是甲溝感染，在做完足浴後不要沖洗就把腳擦乾。現在可以輕鬆地搓去多餘皮角質，沐浴後可以從柔軟的皮膚上用手清除碎屑。

這個方法也可以用來對抗手部發炎的甲溝和手掌部位的碎屑。

▶ 清除刺入皮膚的碎木屑

用碳酸氫鈉浸泡皮膚就可以輕鬆除去刺入皮膚裡的碎木屑。只要用碳酸氫鈉和水混合成少量的泥膏狀，然後塗在患處，並貼上 OK 繃。

讓碳酸氫鈉和液體留在上面兩到四個小時。取下 OK 繃貼片時，碎片周圍的皮膚已經變軟了，這樣就可以用鑷子輕鬆地夾出皮膚裡的碎木屑。

▶ 治療乾癬

天然混濁的蘋果醋是一種神奇美妙的天然產品，它具有出色的護膚和治療功效。特別是用在乾癬（牛皮癬／銀屑病）上，蘋果醋可以快速緩解症狀。

用蘋果醋調理護髮劑處理頭部乾癬

用水果醋沖洗頭髮可使皮屑變鬆，促進癒合，並防止再長皮屑。將一份蘋果醋與兩份水混合，然後在正常洗頭後塗抹做為調理之用。

蘋果醋治療皮膚癬

以 1：1 比例將水和蘋果醋混合，擦拭在身體皮膚癬的患處。讓它停留 10 分鐘，然後用清水洗淨患處，並塗上低刺激的乳霜。

▶ 治療頭皮屑

想要減少頭皮屑的生成，首先要先要確定它是乾性還是油性的頭屑。通常大部分去除頭皮屑的洗髮精都是為油脂性頭皮屑設計的，不利於乾性頭皮，因為它會讓頭皮失去大量的油脂。就算是油性頭皮屑也最好不要長時間使用這一類型的洗髮精。

有一種酵母菌是以脂肪酸為食物，如果在我們的頭部過度繁殖，就是產生油性頭皮屑的原因。有一種溫和去脂的洗髮精可以幫你解決這個煩惱。此外，檸檬汁，百里香和椰子油具有抗真菌的效果，都很好用。

要治療油膩的頭皮屑可以擠出一顆檸檬的汁液，然後用力塗抹到你的頭皮上。大約十分鐘後，用溫和的洗髮精將檸檬汁洗乾淨。它有一個很好的副作用：檸檬汁可以讓頭髮散發出美麗的光澤。

如果頭皮屑不斷出現，可以用未稀釋過的蘋果醋拍打在頭

皮上。預計在七天之後狀況就會明顯改善。長期使用很可能就不再會有這種煩惱了。

▶ 對抗頭蝨

　　用醋做的頭髮沖洗劑可以用來對抗頭蝨感染。將一杯蘋果醋與兩杯水混合，然後用它澈底沖洗頭髮。要將醋充分按摩到頭皮裡去，讓醋水混合液留在頭上至少十分鐘，然後用溫水沖洗乾淨。醋可以去除頭蝨的蛋，所以以後就不會再有新的頭蝨出現。

　　接著用椰子油或橄欖油澈底搓揉頭髮和頭皮，然後用毛巾或浴帽把頭蓋起來，並且讓這層天然油膜留在頭皮上幾個小時，之後再把頭清洗乾淨。

　　油會阻塞仍然留在頭上的蝨子的呼吸道，並且將它們殺死。這種油還可以讓頭髮變得光澤柔軟。

　　如有需要，請連續幾天重複這個療程，以澈底清除蝨子。為了加強療法的功效，可以在每次洗完頭髮後，在頭皮和髮根上用少許檸檬汁按摩頭部，讓它滲入頭皮裡。

　　為了讓梳子和刷子不會造成新的感染，應該要將它們用水煮沸，或用熱的醋溶液來消毒。

▶ 治療蚊蟲叮咬

　　被蚊子叮咬又沒有做任何處理會很不舒服，抓撓只會更癢。另外，被昆蟲叮咬到的地方可能會被抓破皮然後發炎，因而受到細菌和病原體的攻擊。

　　用碳酸氫鈉和水製成的糊可以處理被昆蟲叮咬的部位，可

以減少瘙癢和發紅，並防止更嚴重的腫脹。

如果被蜜蜂螫到而出現刺痛，通常是因為蜂刺還留在皮膚裡的關係。碳酸氫鈉糊會使皮膚變軟，更容易挑出蜂刺來。

▶ 有淨化功效的排毒浴

鹼水浴是種非常特殊的體驗。緊張情緒會因此消退，心靈可以獲得重振，身體可以在弱鹼性的水中排除積毒，之後皮膚會讓人感覺到特別光滑柔軟。皮膚不僅被清洗乾淨，還可以刺激天然皮脂分泌，讓你覺得似乎再也不需要使用潤膚乳了。

深受喜愛的鹼水浴產品自然也不便宜。一些品牌產品的價格大約為每公斤 25 歐元，但是其中的大多數成分都非常便宜。其實你也可以輕鬆又迅速地自製出簡單的替代品。沐浴鹽主要由食鹽（氯化鈉）組成，幾乎不影響水的酸鹼值。

鹼水浴還需要一種配料，將水從 7 左右的酸鹼值提高到我們想要的 8.5。通常會用碳酸氫鈉來達到這個目的。只要 100 克就足以將普通的全浸浴轉變為簡單的鹼水浴。

按照自己的喜愛和需求，還可以在鹼水浴溶液中添加其他配料：

■ 富含礦物質的晶體鹽或沐浴鹽，特別推薦給有神經性皮膚炎、乾癬和濕疹等皮膚問題的人使用。
■ 香精油有令人愉悅的香氣，可以讓人獲得更多鬆弛感，例如薰衣草油。
■ 新鮮或乾燥的藥草。

方法

　　要做一個完整的全浴需要 80 至 100 克碳酸氫鈉，實際狀況要看你所在地區的水質軟硬情況而定。如果只要做一次足部或臀部坐浴只要三分之一的量就足夠。沐浴用水應該要跟身體的溫度一樣。現在你只需要時間和寧靜的心情。沐浴至少要有 30 分鐘，不過花上 90 分鐘也無傷大雅。

建議

- 泡鹼水浴時要補充水分，尤其是長時間泡澡時最好準備足夠的飲水。
- 浴缸裡的水排乾之後，缸底會留下一層沉垢，你應該立刻擦拭或沖洗乾淨，以免它變乾後黏在浴缸上。
- 請勿在按摩浴缸中啟動噴水口，因為這可能會造成堵塞。
- 有心臟問題、高血壓或糖尿病的人在鹼水浴之前應該要徵詢醫生的意見。
- 如果你患有靜脈曲張，水溫應該要比體溫低幾度。

▶ 減輕曬傷

　　春天來臨，太陽終於露臉，我們想要享受陽光而會喜歡在戶外待上幾小時。不幸的是，我們經常低估了太陽的力量，皮膚灼傷的速度比我們的預期來得快！幸運的是，有幾種居家用品可幫助緩解曬傷的灼痛。

碳酸氫鈉

　　由於碳酸氫鈉具有輕微的消炎作用，因此很適合用來緩解

曬傷。萬一曬傷的情況嚴重，可以將三湯匙碳酸氫鈉加到一公升水中，然後將 T 恤浸入水中，接下來穿上浸濕的衣服。神奇的止痛效果會馬上出現，鹼性酸鹼值大大減輕了曬傷帶來的後果。T 恤可以一直穿到變乾為止。如果曬傷的疼痛很嚴重，你可以重複這個療程幾次。

蘋果醋

立即緩解曬傷疼痛的另一種方法是一點蘋果醋和涼爽的自來水。

將半杯蘋果醋倒入一公升冷水中，將兩者均勻混合。現在，將一塊乾淨的布浸入混合液中，然後取出將其放在發紅的位置。另外，與碳酸氫鈉的用法一樣，可以將整件 T 恤浸入醋和水的溶液中並穿上。清涼的液體可以降溫，混合液中的成分有助於增強皮膚的保護層。醋中所含的輕微的酸具有消毒和消炎作用。幾分鐘後再重複做一次，視需要可以重複兩三次。

對於特別嚴重和疼痛的燒傷也可以直接用未稀釋的蘋果醋治療。用一塊軟布浸到蘋果醋裡面，然後用它輕輕拍拭發紅的位置。視需要可以重複幾次，直到痛楚緩解為止。

▶ **對抗病毒疣**

每天用蘋果醋和鹽的混合物處理幾次，病毒疣就會消失。可以將一湯匙鹽溶解在四湯匙的蘋果醋中，將此溶液每天至少三次敷在患處。然後重複療程，直到病毒疣完全消失為止。

如果足部疣長在皮膚深處，可使用在蘋果醋和鹽溶液中浸泡過的棉花球或紙漿放在患處，用膠布固定好。即使長在腳底

下也可以用這種方法，因為你在步行走路時很快就會習慣貼在上面的異物。

▶ 用碳酸氫鈉對付腳部灼熱

如果在長途跋涉或長途散步之後腳部產生了灼熱感，用碳酸氫鈉溶液做足浴可以快速緩解腳部不適，並可獲得鎮定的效果。每一公升熱水要對半茶匙碳酸氫鈉，然後就可以把腳放進去享受碳酸氫鈉足浴了。

飲食

廚房幫手

▶ 讓生菜回復清脆鮮嫩

　　沙拉裡面的生菜和其他多葉蔬菜的嫩葉鮮嫩又清脆時味道最好。可是這些嬌氣的葉子通常在室溫下無法保持鮮嫩酥脆超過一天的時間，就算放在冰箱的蔬菜冷藏盒裡，生菜也會在幾天後變得枯萎鬆軟。

　　如果葉子還沒有腐爛或發霉，有個小撇步可以讓它們重新變得鮮嫩又酥脆。你可以用下面的方法來處理：

1. 在碗中加入冰水。
2. 加入半顆檸檬汁。
3. 將生菜葉放入碗中，然後放入冰箱一個小時。
4. 拿出葉子，去除上面的水分，並立即製作沙拉。

▶ 讓失去失水分的胡蘿蔔再度酥脆

　　胡蘿蔔，小蘿蔔以及其他根莖類蔬菜在放置幾天後往往會讓人覺得沒有咬勁，變得柔軟且引不起食慾。這是因為蒸發作用而導致水分流失。它仍然保留著所有的維生素和其他營養

素，因此還不到丟進堆肥或有機廚餘桶的時候。

將這些失水變軟的胡蘿蔔浸在一個裝著水和半個檸檬汁的碗裡，讓溶液蓋過胡蘿蔔，並放在冰箱裡過夜。胡蘿蔔表面充分吸收水分之後會變得像剛採收時一樣新鮮，這時最好立即加工處理。

▶ 為胡蘿蔔去皮代替清洗

用刨刀削掉胡蘿蔔薄薄的表層，吃起來會特別爽口香甜。你可以不必手動削皮，因為還有更簡單的方法，就是用碳酸氫鈉為它去皮。方法如下：

1. 將鍋子裝滿水，每公升水加入一茶匙碳酸氫鈉。
2. 將水煮沸，然後將胡蘿蔔煮幾分鐘。煮的時間要按照你想要的柔軟度來決定。
3. 將胡蘿蔔從滾水中取出，在冷水中讓它急速冷卻，然後就可以輕鬆地把皮剝下來。

更好方法是完全不要削去胡蘿蔔的皮，而是連同外皮一起吃。和許多水果一樣，胡蘿蔔中大多數的重要營養物質都在表皮裡面或表皮底下。削皮會讓胡蘿蔔所含的高效抗氧化和抗菌的多酚流失高達 85%。

▶ 保持汆燙蔬菜的新鮮色彩

綠色多葉蔬菜和豆莢類蔬果，如菠菜、甘藍菜、包心菜、豆類和豌豆等在汆燙或烹煮時會很快地失去它的顏色，端上桌或食用時看起來就不是那麼漂亮。你可以添加碳酸氫鈉來防止

褪色。在煮沸中的開水添加一茶匙碳酸氫鈉，就可以讓蔬菜保有明亮新鮮的顏色。

▶ **更快速且溫和地烹煮豆莢類**

在煮開水時加一點碳酸氫鈉，乾燥的豆莢類蔬果例如小扁豆、豆子和豌豆可以更快煮熟，還會更容易消化和更健康。因為含有鈣質的水會使豆莢類的外殼不變軟，並防止豆類所含的果膠分解。鹼性碳酸氫鈉可以軟化烹飪水，並使烹飪更加輕鬆快速。

許多種類的乾豆蔬果在烹飪前要先浸泡使它變軟。外殼變軟後，其中所含的碳水化合物棉子糖（Raffinose）也會被洗掉。你可以添加少量碳酸氫鈉來讓這個過程更容易。

順帶一提，棉子糖是豆類引起腸胃脹氣的主要原因之一。為了避免脹氣，最好不要使用軟化豆類的浸泡水來煮飯。

▶ **更快且更溫和地烹煮甘藍菜**

就像豆類一樣，也可以用碳酸氫鈉更快更溫和地烹煮甘藍菜。在每公升烹調水中添加一茶匙碳酸氫鈉，甘藍菜可以更快地軟化，縮短烹煮的時間，並使蔬菜中保留更多的維生素。烹調水中的碳酸氫鈉可減少烹煮時甘藍菜的強烈味道以及腹脹，並使甘藍菜變得更溫潤可口，而且更容易消化。

對於諸如紅甘藍這樣的酸菜菜餚，應該用醋來代替碳酸氫鈉。在這種情況下，醋發揮作用的原理和碳酸氫鈉相同，但是碳酸氫鈉會降低所想要達到的酸度。

▶ **醃製酸菜**

　　酸黃瓜是醃製酸菜的經典之作。但是許多其他類型的蔬菜也可以醃製，它們因此可以保存很長的時間。可以用作豐盛的小吃，也可以用來添加在鹹味的沙拉裡。

　　除了黃瓜、洋蔥、青椒紅椒和芹菜以外，幾乎所有蔬菜也適用這種簡單的防腐保存方法。你可以根據需要與喜好更改以下配方的材料。唯一重要的是蔬菜的口味要適合搭配。

製作罐中的美味蔬菜，你需要：

　　3 顆洋蔥

　　3 根胡蘿蔔

　　1 公斤小櫛瓜

　　紅椒和黃椒各 2 個

　　250 克花椰菜

　　2 瓣大蒜

　　500 毫升白酒醋

　　200 克糖

　　2-3 茶匙鹽

　　1 茶匙芥末籽

　　1 湯匙黃瓜調味料（用於醃製的香料混合料）

　　半茶匙薑黃粉

　　2 個有螺紋蓋的大玻璃罐

　　依照你的需要還可以添加辣根或辣椒等提升辣味，或添加藥草調味。

醃製酸菜的方法：

1. 洋蔥、櫛瓜、大蒜和胡蘿蔔洗淨，削皮，全部切成片。
2. 紅黃椒洗淨，切成兩半，除去種子，切成細條。
3. 花椰菜洗淨，並切成小花。
4. 醋、糖、鹽、芥末籽、黃瓜調味料和研磨過的薑黃粉加 250 毫升水在鍋中煮沸後，加入所有上述的蔬菜。
5. 把蔬菜與醬汁分成幾等分，分批煮約六分鐘，使其變軟。
6. 用有孔的杓子將蔬菜從鍋中撈出，然後將其層層疊放在事先消毒過的玻璃罐裡。
7. 再次燒開醋醬汁，趁它還熱時倒在蔬菜上，直到罐口邊緣。
8. 立即擰緊玻璃罐，並檢查罐子是否確實密合。將裝滿的熱罐子倒立放置。罐蓋，特別是密封橡膠圈也會因此變成無菌狀態。

　　在冷卻過程中，玻璃罐裡會產生負壓，從而將蓋子緊緊地往內拉。這樣可以保護內容物不受外部影響，持久保存。

▶ **去除果皮上的蠟和農藥**

　　水果和蔬菜可能有施作過噴灑劑，殺蟲劑或類似的藥劑，就算是有機水果也時常為了防止病蟲害及植物疾病而在某種程度上噴灑藥劑，或在收穫後塗上一層發亮光的蠟層。你可以用不同的方法將這些不想一起吃下肚的物質從水果的毛孔深處清除。

　　生菜，菠菜和芝麻菜等較不容易處理的蔬菜可以用碳酸氫鈉清潔，方法如下：

1. 在盆中裝水，每公升水添加一茶匙碳酸氫鈉。
2. 將菜葉放入，並在水中旋轉搖晃，以便從每個面向澈底清洗。
3. 瀝乾水分，然後在清水中再次沖洗。
4. 將菜葉擦乾，趁新鮮時處理。

　　對於堅實且形狀不規則的水果，例如蘋果、梨、番茄、黃瓜、青椒，豆子等，有另一種更合適的清洗方法。因為這些水果生長較慢，因此通常會使用到較大量的噴灑劑，會在幾個月的生長期間內積聚在果皮上。為了清除這些有害的汙染物，建議以浸泡方式使用醋和碳酸氫鈉來洗乾淨：

1. 將食醋和水以 1：4 的比例放入大鍋或盆裡。
2. 在每公升水中添加一到兩茶匙碳酸氫鈉。
3. 將水果放入，浸泡在溶液中約 20 分鐘。
4. 偶爾轉動溶液中的水果，以便每一面都清洗乾淨。
5. 20 分鐘後將水果取出，用清水沖洗。

　　從水果剝離的汙垢和蠟會飄浮在水表面。你會驚訝幾顆水果上可以清洗出那麼多汙垢。一盆水可以洗滌多次。這樣可以有效清洗大量水果和蔬菜又不會傷到它們。

　　這個方法還有一個更簡單的版本，特別適合表皮光滑的蔬果，例如蘋果，胡蘿蔔和黃瓜。要用這個版本你需要：

　　1 杯水

　　¼ 杯家用白醋或蘋果醋

　　2 湯匙碳酸氫鈉

一顆檸檬汁

將所有配料充分混合，然後倒入空的噴霧瓶中。如果這些蔬果不是用有機耕作種植生產的，在要處理之前先用此溶液噴灑在蔬果上，並讓它短暫留在蔬果表面，然後用清水沖洗，接著立即加工料理。

如果你家裡沒有醋也沒有碳酸氫鈉，只有純的硬肥皂，也可以用硬肥皂來清除蔬果上的農藥和蠟。要製備這款溶液，要將一茶匙刨碎的硬肥皂溶解在五公升溫水中，將果實充分澈底洗滌後再用清水沖洗。

如果你的水果，蔬菜和藥草是從自己的菜園裡直接採摘下來的，通常也可以考慮不用上述方式清洗，因為這個洗滌液雖然可以洗去蔬果上的不潔物，但是許多蔬果中所含的營養物質會因此流失。

▶ 讓酸味水果更好消化

在特別酸性的食品中，可以添加碳酸氫鈉來中和或至少稍減酸味。碳酸氫鈉會拿來添加在製作酸味特別重的果醬裡，例如大黃，醋栗或沙棘等。每公斤水果只要一刀尖的碳酸氫鈉，就可以讓酸味水果更容易消化，味道更溫和。

▶ 中和食物中過多的醋或檸檬酸

如果不小心在菜餚中加了太多的醋或檸檬酸，可以用少許碳酸氫鈉快速平衡回來。用拇指和食指捏一小撮碳酸氫鈉就足以中和食物中過量的酸了。

▶ 改善果醬和熬煮水果的保鮮期和味道

可以用少許檸檬汁或檸檬酸來改善淡味的自製果醬和果凍的味道。檸檬酸也額外有助於果凍膠化。可以做為輕度防腐劑，也可以延長熬煮的果醬保鮮期。

也可以使用檸檬酸粉末，但最好還是使用天然檸檬汁。

▶ 消毒醃漬用的玻璃罐和瓶子

製作果醬，抹醬或醃水果之前，應先消毒各個用具和瓶罐，好讓它們可以長時間保存，並防止細菌不會進入罐藏食物中。如果只要消毒幾個小罐，可以選擇滾燙的開水或酒精。將玻璃罐清洗乾淨後，將它們直立放在洗碗槽裡，倒進正在沸騰的開水，或把它們放在加滿水的鍋子裡，然後將水煮開幾分鐘消毒。另一個方法是用酒精沖洗或擦拭。

如果要用到大量罐子或瓶子來裝果汁，我們會建議使用熱蘇打溶液來消毒。只需將一茶匙的蘇打溶於一公升熱水中，然後用來洗滌或沖洗玻璃罐和其他器皿，再用清澈的熱水沖洗即可。

▶ 去除冰茶的苦味

沖煮清涼可口的冰茶是一門小藝術。茶葉泡的時間太短會沒有味道；泡茶時間太長，茶水會很快變苦。用少量的碳酸氫鈉可以輕鬆地減少苦味。在沖泡完畢後添加並攪拌即可。

飲食

▶ 改善飲用水的味道

　　如果飲用水淡而無味或走了味，例如露營時車上儲水箱裡的水，甚至自來水也很常會如此，這時可以用少量碳酸氫鈉來改善水的味道。將一小撮碳酸氫鈉放在一杯水中就可以了。

　　一片有機檸檬同樣可以提升自來水的清爽度，還可以有稍許的消毒作用，並且改善口感。通常一整壺的水用一兩片檸檬就足夠。檸檬不僅可以增添口感，還可以促進消化和增強免疫系統。

▶ 增加飲料和食物的風味

　　檸檬酸或檸檬汁也可以給食物和飲料增添單純又清新的風味。它可以賦予果汁、茶、自製冰淇淋，水果凝乳和其他水果菜餚宜人溫和的酸度。只需加入一湯匙的檸檬汁，如果沒有檸檬汁，則可將少許粉末狀的檸檬酸攪拌在食物或飲料裡，然後嘗試一下味道。如有需要，可以添加多一點的檸檬酸。

▶ 完美剝除蛋殼

　　每個早餐蛋都不同，但是有時候特別會有很多蛋白黏在剝下來的蛋殼上，此時剝蛋殼會變成像拼圖一樣瑣碎。你可以在煮蛋水中添加一平茶匙的碳酸氫鈉來避免這種情況。

▶ 烹煮裂開的蛋

　　破裂的蛋在烹煮時，蛋白很快會流出來。為防止蛋白竄逃，可以在煮蛋水中加入少許的醋，這會讓流出來的蛋白快速凝結，並且能密封蛋殼的裂縫。

飲食

▶ 避免義大利麵黏在一起

煮義大利麵和其他類型的麵食時，在鍋子的水中加一點醋，可防止麵條或食品黏在一起。

▶ 蓬鬆的蛋雪

在打蛋白時，碳酸氫鈉可以是讓成果完美的功臣。攪打時捏一小撮碳酸氫鈉加入，就足以讓蛋雪蓬鬆。

▶ 讓歐姆蛋蓬鬆爽口

碳酸氫鈉不僅可以使蛋糕蓬鬆。你的歐姆蛋也會因為添加了一小平茶匙碳酸氫鈉而變得蓬鬆爽口。

▶ 乳酪火鍋更綿密可口

乳酪火鍋愛好者可以在食用前加入少許碳酸氫鈉並均勻攪拌，這樣會使融化的乳酪更鮮美，口感綿密，更容易消化。

▶ 用碳酸氫鈉替代烘焙粉

除了烘焙粉以外，碳酸氫鈉和醋也可以是瑪芬和麵團極佳的烘焙蓬鬆劑。在 500 克麵粉中加入五克碳酸氫鈉，並像往常一樣攪拌麵團。在倒入烘焙模具之前再加入六湯匙醋，並將其均勻地攪拌到麵團裡。

你也可以用檸檬酸來代替傳統的烘焙粉。要調配每份 15 克約 12 份的烘焙用粉末，你需要以下配料：

75 克碳酸氫鈉

65 克檸檬酸結晶

25 克玉米芡粉（防潮用）

15 克矽土（二氧化矽。可選用，用作抗結塊劑）

15 克混合物足以讓 500 克麵粉揉成的麵團蓬鬆。這個混合物可以存放，這樣你就可以有很便宜的烘焙粉。重要的是，它應該也和烘焙粉一樣保存在乾燥和密閉的地方。

▶ **做糖果用的鬆軟焦糖塊**

把糖和水果糖漿在鍋中加熱慢慢融化，同時不斷攪拌來製成糖塊。糖漿要慢慢添加進去，直到鍋中物達到你想要的黏稠度為止。在自製糖塊裡加入一湯匙的醋和兩茶匙滿滿的碳酸氫鈉攪拌，就會變得特別鬆散，不會過分厚重。

將製成的糖塊放在塗上少許油脂的扁平烤模中或烤盤上冷卻。在冷卻之後將其切成正方形。在糖塊還是液態的時候添加少許鮮奶油，煉乳和牛油，可以進一步改善糖果的口味和濃稠度。

▶ **軟水使咖啡和茶更香**

通常硬質的，含有大量鈣化物的水會使咖啡和茶的味道變差。在水煮沸之前添加少量碳酸氫鈉，可以很簡單地改變這種情形。只要將碳酸氫鈉加到沖泡水或咖啡機的過濾器中就可以了。它可以使水質軟化，使咖啡和茶的味道更溫潤宜人。

另一個附加效果是：水壺和咖啡機的鈣會因此減少，使用壽命更長。

廚房食譜

飲食

▶ 製作氣泡粉

孩子們都喜歡這個實驗：用檸檬酸，碳酸氫鈉和糖來製作神奇的氣泡粉。可以用一茶匙半檸檬酸、一茶匙碳酸氫鈉，和大約兩到四茶匙糖（按照自己的喜好使用傳統的糖，糖粉或木糖醇）。這樣就完成了氣泡粉的基本成分。這是非常便宜，會發氣泡又有果香味道的清涼飲料！

和所有檸檬酸的配方一樣，你絕對要注意正確的劑量，因為太多的酸會侵蝕牙齒琺瑯質。

▶ 製作清爽的檸檬汽水

除了氣泡粉，你還可以直接製作新鮮美味的檸檬汽水。將糖，檸檬汁或一些醋混合在一杯冷水中，並加入半茶匙碳酸氫鈉。就這樣完成了非常清爽又便宜的飲料！

▶ 自製等滲運動飲料

具有等滲成分的商業速溶飲料的價格介於每公升 0.8 歐元至 1.5 歐元之間。但是這種飲料到底含有什麼成分呢？你仔細觀察會發現，這些飲料中所含有的都是在超市可以用很少的錢買到的平常配料。

- 礦泉水
- 葡萄糖（Dextrose）、果糖（Fructose）和其他類型的糖
- 色素
- 鹽和其他調味料

「等滲」是指該飲料具有與人體血液相同的營養成分。這使得它特別容易被消化，而且營養素可以迅速有效地進入血液循環裡。尤其在做體力密集運動和耐力運動時，等滲飲料有助於體力的維持。用以下的配方可以製作自己的飲料粉，和水一起攪拌即可調製出有效且清爽的運動飲料。下列配方可以製作出相當於五公升的飲料，你需要的是：

300 克葡萄糖

150 克果糖

20-30g 檸檬酸粉末，按照自己的口味選用

1 撮鹽

在超市的烘焙部門買得到葡萄糖和果糖。只要簡單地秤好所有配料的分量，然後將它們裝到有螺旋口的玻璃罐或其他可封閉的容器中，用力搖動一番，飲料粉就做好了！檸檬酸只是單純用作調味劑，所以也可以隨自己的口味換用其他的調味劑。

要做半公升運動飲料，只需要在沒有氣泡的礦泉水或單純的自來水中加入 45 克粉末，再將它攪拌一下，這樣你就算是準備周全，可以去做下一回合的運動鍛鍊。但是請注意，這種飲料只適合用作運動的體力平衡補充。不同類型的高含量糖分進入我們的身體器官，只有在運動的情況下才有幫助。平常身體沒有很大的負荷時把它當作止渴飲料來喝，反而會有害。

這種方法的製作成本不到一般市售等滲飲料粉的四分之一，它同樣有效，而且保存期不受限制。

飲食

▶ 烘焙鹼水扭結麵包

　　因為有碳酸氫鈉，才有了廣受大家喜愛的鹼水扭結麵包（Laugenbrezel），你也可以在自己家的廚房輕鬆烘烤出來。要做 12 個鹼水扭結麵包需要下列配料：

　　500 克小麥麵粉
　　1 小包乾酵母
　　2 湯匙碳酸氫鈉
　　1 刀尖糖
　　1 茶匙鹽
　　粗鹽，用來撒在麵包上
　　1.5 公升水
　　350 毫升溫牛奶

鹼水扭結麵包的製作方法如下：

1. 用麵粉、酵母、糖、牛奶和鹽製成酵母麵團，將其覆蓋靜置約 45 分鐘發酵，直到體積增加一倍為止。

2. 短暫地揉透發酵的麵團，然後將其分成十二等分。

3. 將每塊生麵團捲成細長的香腸狀，然後纏繞成 8 字形的扭結麵包形狀。

4. 用一個大鍋將 1.5 公升水和兩湯匙碳酸氫鈉一起加熱，然後用小火繼續滾煮約十分鐘。

5. 然後依鍋子的大小，每次把兩到四個扭結麵包放到鍋中，以冒泡的滾水煮約 30 秒鐘。此時扭結麵包要一直完全淹沒在溶液裡。

6. 從水中撈起煮好的扭結麵包，瀝乾水分，然後鋪在烤盤上。

撒上粗鹽,並在預熱至 180 度的烤箱中烘烤 25 至 30 分鐘即
成。

▶ **自製流質乳酪**

　　我們曾祖父母知道如何用凝乳和碳酸氫鈉來製作美味的流
質乳酪。自製流質乳酪需要以下配料:

　　500 克夸克乳酪(Quark)

　　125 克牛油

　　2 平茶匙碳酸氫鈉

　　1 個蛋黃(選用)

流質乳酪的烹製說明:

1. 用乾淨的布鋪在一個篩子上,然後將夸克乳酪放入靜置幾小
   時瀝乾。

2. 將整塊夸克乳酪放入鍋中,加入碳酸氫鈉,並充分攪拌或搓
   揉。

3. 用小火慢慢加熱,不斷攪拌直到呈現透明狀,然後停止加
   熱。

4. 加入融化的牛油和蛋黃,將兩者均勻混合。蛋黃只是用來顯
   現好看的黃色,也可以捨去不用。

5. 最後加鹽調味,並嘗試味道。可以按照個人喜好加入葛縷子
   (Kümmel)或其他藥草調味。

日常家務

消除異味

▶ 用紡織品噴霧劑和室內噴霧劑中和異味

有些紡織品會像著魔一樣吸引異味，或在經過一段時間之後自然地發出霉味，例如沙發枕、坐墊、窗簾、變濕的地毯。就連鞋子，靴子和運動用品袋也會出現異味。除了極少數之外，這些東西幾乎都無法用洗衣機清洗。當狗、貓或其他寵物在沙發上搗蛋，或做了不該做的事時，坐墊就特別容易散發出強烈的臭味，久久不消散。

當然，市場上一直有有效的紡織品清新劑。噴灑在有異味的地方，令人討厭的氣味在幾秒鐘內就會消散。

不過這些商品也有缺點。根據 codecheck.info 網站的資訊，這些缺點包括了不少疑似對健康有害，甚至被列入確認有害的成分。此外，市售的紡織品清新噴霧劑價格相對昂貴，還會製造大量的包裝廢料。

那麼，我們為什麼不自己做呢？有效又芳香的紡織品清新噴霧劑只需要少量簡單的配料，而且幾分鐘就可以做好。

日常家務

自製紡織物清新劑配方

要自製清除紡織品異味的噴霧劑，你需要以下配料：

500 毫升開水

50 毫升含 40% 酒精成分的淺色酒精（例如伏特加，穀物烈酒或食用酒精）

1 滿湯匙細碳酸氫鈉粉

10-15 滴芳香精油用以增加香味（選用）

沖洗過的空噴霧瓶，例如使用舊噴霧瓶或清潔劑瓶

　　使用的水應煮沸，並讓它冷卻至最高 30 至 40 度為止。這樣可以延長噴霧劑的保存期限。你也可以使用蒸餾水。如果添加酒精，保存期限又可以進一步延長，毫無問題可以使用三個月或更長的時間。

　　要使用這個配方，最適合用細粉狀的碳酸氫鈉，因為它溶解得更快。此外還可以添加幾滴你自己喜歡的芳香精油，讓它發出愉悅的香氣。添加芳香精油對於去除異味的功效並非必要，就算沒有加，也可以有效地消除異味。

製造除臭噴霧劑

噴霧劑的製作真的非常簡單，方法如下：

1. 把溫水倒入噴霧瓶裡，但要留下足夠的空間以容納酒精和碳酸氫鈉，以及一些可以搖動混合溶液的空間。
2. 加入碳酸氫鈉和酒精。
3. 滴入芳香精油。
4. 旋緊瓶子，並用力搖晃幾次，直到所有碳酸氫鈉溶解為止。

自製的紡織品噴霧劑就這樣完成了，你現在就可以開始使用。把它均勻地噴灑在發霉味，不可以水洗的紡織品、鞋子、靴子或有霉味的運動用品袋上，讓它起作用直至它自然蒸發為止。大多數的異味在處理過一次之後就會消失，視需要可以重複處理。甚至如貓尿等動物氣味也會在短時間之內顯著減少或消失，不一定要用人造香味來掩蓋氣味。

▶ 消除冰箱裡的異味

拿 50 克碳酸氫鈉裝在小盤子上，把它放入冰箱，就可以消除冰箱裡難聞的氣味。碳酸氫鈉會吸收異味，使得霉味消失。

此外，許多冰箱的後壁上都有一個排放冷凝水的小孔。經過一段時間後，細菌會聚集在這裡而產生難聞的味道。可以用尖東西刮掉汙垢和其他堵塞物，必要時可以倒入少量的水，但不要倒太多，否則它會流到冰箱的後面。

▶ 洗碗機除臭劑

如果洗碗機發出難聞的氣味，通常是在清洗碗盤後，剩餘的食物殘留在機器中所引起的。而且骯髒的碗盤放在洗碗機裡一段時間，餐具和盤子上的殘留物變乾而且產生分解作用時，也會產生難聞的氣味。簡單的解決辦法是所謂的洗碗機除臭劑，它們會散發出愉悅的柑橘香。但是它們太過昂貴，還會帶來原本可以避免的包裝材料。此外，成分不環保，香氣會附著在碗盤上，散發出令人不舒服的味道。

可以透過預防措施和資源採取補救：

■ 如果可以預見洗碗機很慢才會裝滿，最好在將碗盤放入之前先短暫沖洗一下，尤其是先將附著在碗盤上的乳製品，魚和肉沖掉。

■ 定期清潔排水濾網。只需在流水之下沖洗，並偶爾用醋清洗劑洗淨。

■ 密封用的橡膠圈和門應該每個月至少用醋水擦拭一次。

用碳酸氫鈉取代洗碗機除臭劑

　　洗碗機除臭劑便宜且環保永續的替代品是碳酸氫鈉，因為它可以有效地中和異味。把洗乾淨的餐具拿出來之後，只需簡單地將一湯匙碳酸氫鈉撒在洗碗機底部就可以了，在下一次裝滿之前所產生的任何氣味都會被中和並消除掉。機器在運行時，碳酸氫鈉可以除去水中的鈣質，因而可以減少洗潔劑的用量。

用柑橘皮讓洗碗機變清新

　　就算是榨過汁的半個柑橘類水果如橙子或檸檬也會散發出舒服的柑橘味。與其順手丟棄，不如把它放在洗碗機裡擺放餐具的籃子裡。它的香氣愉悅，還含有足夠的檸檬酸，可以軟化水質。

▶ 清除大蒜，香菸煙霧和其他異味

　　房間裡由大蒜，香菸等發出的難聞氣味可以用醋來驅趕。將一杯食用醋倒入一個淺碗中，將其放置在有難聞氣味問題的

房間一整夜。到了第二天早上，所有的氣味都會消失。

▶ 清潔便當盒並清除異味

　　雖然每天都有清洗，但是因為幾乎每天都在使用，便當盒會在一段時間之後變得油膩或發黏。用食用醋和一塊海綿將便當盒裡裡外外澈底擦拭乾淨，這樣就殺菌完成，還變得像新的一樣。

▶ 清除櫥櫃和容器裡的異味和細菌

　　用同樣的方法可以處理有霉味的櫥櫃和器皿，讓它們再度變清新而沒有異味。如果食物在櫥櫃裡變質或發霉，或者食物裡出現專吃食物的蟲，我們建議可以用醋來處理。這樣可以防止不速之客或黴菌再度擴散。

▶ 清潔麵包箱，並保護它們不發霉

　　木頭製的麵包箱和陶瓷製成的麵包罐可以保持麵包和糕點的新鮮度。但是因為盒罐裡的烘焙物沒有包裝，過一段時間後會積聚碎屑和看不見的黴菌孢子。為了防止黴菌滋生，麵包盒罐最少每兩個星期就要用沾滿食用醋的抹布擦拭一次。讓它好好地通風乾燥，這樣就可以繼續使用了。

▶ 清除保溫瓶和水瓶裡的異味

　　許多居家用品可以清除熱水罐和飲水瓶裡難聞的氣味，鈣垢和沉澱物。把二到三茶匙的碳酸氫鈉或一茶匙的蘇打溶解在一公升的熱水中，然後倒入水瓶罐裡。靜置一會兒，必要時可

以放置幾個小時，直到所有沉積物和氣味完全消失。

　　或者可以把一杯食用醋倒入這些容器裡，把容器蓋緊並大力搖晃。過一小段時間後，汙垢和異味就會被清除。最後不要忘記再用清水沖洗一次喔。

▶ 消除木板和木勺上的異味

　　廚房裡的木製用具，例如切菜板，炒菜木勺和鍋鏟在使用過一段時間後會吸收各種氣味。由於水分會滲透到木材的孔隙裡，因此它們會變成細菌和病原體理想的繁殖地。

　　要消除這些木製用具的異味，可以製作熱的蘇打溶液。在 5 公升的水裡加入一到兩湯匙的蘇打，然後用它清洗所有器具。最後再將它們用清水沖洗乾淨。

　　也可以用碳酸氫鈉來替代蘇打，每 5 公升熱水可以使用四湯匙碳酸氫鈉。

▶ 清除煙灰缸裡的氣味

　　用碳酸氫鈉除臭，發臭的煙灰缸會馬上成為過去式。只需把粉末撒在清空的煙灰缸底部即可。它會吸收現有的異味，並阻止新的難聞氣味產生。這個妙招也適用於汽車裡的煙灰缸。

▶ 清除排水管的異味和堵塞物

　　📖 參考第 60 頁

▶ 去除地毯上的霉味

　　📖 參考第 51 頁

日常家務

▶ 抑制貓砂盆裡的異味

儘管有定期清潔貓砂盆，在短時間後通常又會散發出強烈的難聞氣味。為了防止這種情況，只需在沙上均勻地撒上薄薄一層碳酸氫鈉。

如果氣味是來自貓砂盆本身而不是砂，可以在鋪砂之前用醋澈底將盆子擦拭乾淨。

阻止外來的入侵者

▶ 阻止螞蟻和其他爬蟲類入侵

昆蟲，尤其是螞蟻總是不斷潛入我們的屋子裡，特別會進入廚房和食物儲藏間。雖然牠們在自然界裡是益蟲，我們還是不想在廚房或家裡任何地方看到。

幸運的是，我們有許多天然的方法可以阻絕牠們。最棒的是你家裡都有這些東西，根本不需要用到強烈的化學藥劑。

首先最重要的規則是（而且完全理所當然）：保持家裡的清潔，不要到處遺留誘惑入侵者的食物。這就是防止不受歡迎的外來者的最佳辦法。

檸檬汁

用鮮榨檸檬汁弄濕可疑的地方。螞蟻不會覺得檸檬酸「好吃」，牠們會繞過它，到別的地方去尋找食物。你可以把新鮮檸檬汁淋在一塊布上，然後用它擦拭地板、櫥櫃底座等地方。

食用醋

　　還可以用簡單的家用醋多方面對抗螞蟻。把它撒在螞蟻出沒的地方，保證可以驅走螞蟻。

　　也可以把醋和碗盤清潔劑混合在一起，噴灑到所有的角落和小縫隙上。還可以養成用醋水擦拭地板的習慣。你會因此擁有閃閃發光的乾淨地板，還能保證螞蟻會避之唯恐不及。

碳酸氫鈉和糖霜粉

　　情況真正非常嚴重的時候可以使用碳酸氫鈉，對於處置螞蟻非常有效。把碳酸氫鈉和糖霜粉按 1：1 的比例混合，然後把粉末撒在螞蟻的入侵區域。但是請注意，碳酸氫鈉會改變螞蟻生理上的酸鹼值因而毒害螞蟻。

▶ 果蠅陷阱

　　果蠅的體積都很小，牠們的頭部跟大頭針一般大，特別喜歡出沒在廚餘盆和水果盤附近。要避免牠們的最簡單方法是用盤子蓋住廚餘盆，盡快吃掉水果。盡量讓房間大量通風，這些小朋友通常會自然地離開。

　　如果這麼做都無效，就需要設下陷阱。可以用醋來輕鬆製作。

要自製捕蠅器，你需要：

　　玻璃瓶或小碗

　　50 毫升水果醋（例如蘋果醋）

　　1 滴碗盤清潔劑

　　製作方法如下：

1. 將蘋果醋倒進瓶子或小碗裡。
2. 加入一點清潔劑。
3. 將它放置到果蠅出沒的附近。

醋會吸引果蠅，而清潔劑會降低表面張力使牠溺斃。

製造一個對動物友善的活捉捕蠅器，你需要：

■ 瓶子
■ 一張 A5 大小的紙
■ 一塊水果做餌

圖 14 捕蠅器

捕蠅器的做法：

1. 將水果塊放到瓶子裡。
2. 將紙片捲成適合瓶口的漏斗狀，然後用膠帶或釘書機固定，漏斗口不可以大於鉛筆的直徑。
3. 將漏斗插入瓶子。在此注意，漏斗要盡可能平滑而且是圓形的，這樣才可以和瓶口貼合。
4. 將剩餘的水果收拾乾淨，然後把瓶子擺在最多果蠅出沒的地方。

誘餌最好是用甜的，而且是已經開始要發酵的水果。不要把捕蠅器擺好後就置之不理，最好是給果蠅幾個小時的時間，讓牠們聚集在瓶子裡。過一段時間之後，就可以把瓶子拿到外面去放生了。

▶ 杜絕蠹魚

蠹魚喜歡潮濕和溫暖的地方，所以對抗牠最好的方法是定期通風和涼爽的室溫。只要讓溫度低於 25 度，牠的產卵量也會急劇減少。醋和檸檬汁是適合驅逐蠹魚的居家用品，因為這些小動物會閃躲強烈的氣味。請用稀釋過的醋或檸檬汁（水的比例為 1：1）擦拭在蠹魚出沒範圍的地板、家具等表面。你可以把一小碗醋或檸檬汁放在地毯上，或用裝著這種溶液的噴霧瓶噴灑來驅除。

日常家務

美化維修

▶ 去除木質地板上的刮紋和凹痕

用自然的方法可以去除像實木複合地板上的小刮紋和凹痕。把幾湯匙家用醋和水以 1：1 的比例混合。先在木地板小刮紋和凹痕上撒上一茶匙碳酸氫鈉，然後再在上面撒上水和醋的混合液讓它們變濕。讓它起泡沫幾分鐘，再用抹布好好擦拭乾淨。這種處理方法會使木材略微膨脹，就像汽車修理工人把汽車板金表面從底下「敲平」一樣。

在完全乾燥後，下一步是用棕色色筆（最好是蠟筆，要和木板有同樣的顏色）塗平遺留下來的刮紋。最後，用少許微熱的蜂蠟或巴西棕櫚蠟（Carnauba wax）擦拭該區域，或用固態的蠟擦拭。然後用軟布擦拭刮紋並擦亮，直到幾乎看不見刮紋為止。

▶ 去除木製家具上的水漬

📖 參考第 48 頁

▶ 輕鬆地從牆壁上剝除壁紙

先用一比一的醋和水混合液噴灑舊壁紙，會更容易將它從牆壁上剝除。在幾分鐘的作用後，壁紙膠會失去附著力，就可以更輕易地去除壁紙而不會有殘留物。如果是密封、防水的壁紙就可能需要事先用帶刺滾筒處理一番。

▶ 延長石膏的加工處理時間

　　不同類型的石膏會有不同的硬化速度。模型石膏大約在 20 分鐘後會硬化，而電工用的石膏會在短短 5 分鐘後凝固。如果在混合石膏時使用醋來代替一份的水，就可以延長石膏加工的時間。在全部的液體裡只要約有百分之十的醋就足夠達到此目的了。

　　蘇打同樣適合用來延長石膏的凝固時間。在攪拌混合石膏時添加一小撮蘇打進去就可以了。

寵物

▶ 保護寵物免受跳蚤和壁蝨侵害

　　跳蚤和壁蝨不喜歡醋的味道，因此可以用來減少感染的機率。將等比例的醋和水在噴霧瓶中均勻混合。將此混合液噴在狗的皮毛上，並稍稍擦揉一下。大多數狗幾乎不會受到干擾，但是很少有貓會喜歡。

▶ 消除寵物做標記的氣味

　　如果寵物有意或無意在家裡拉屎拉尿，穢物留下來的氣味會誘使他們再回到同一地點，並且重複做出相同的事。你可以使用醋來永久去除氣味的記號。

　　清潔地板時，請把等量的醋和溫水混合，然後澈底擦拭受汙染的地方。

　　要處理地毯、毯子，扶手椅等問題時，可以用同等分的醋與水混合液裝到噴霧瓶中，大方地噴灑在被汙染的位置上，然

後用乾毛巾澈底擦拭，接著再次噴灑。混合液風乾後，所有氣味都應該已經消失了。

還可以將裝著醋和水混合液的噴霧去除門前、籬笆柱或類似地方等狗常常喜歡尿尿地方的氣味。這樣一來，這些地方對牠們的小便吸引力就會降低。

▶ 有效清潔貓砂盆
📖 參考第 159 頁

▶ 狗狗洗毛精

硬肥皂不僅對我們的皮膚有益，還可以給狗狗提供最佳服務。使用一般的硬肥皂來代替狗狗洗毛精可以澈底為你的毛小孩清潔皮毛。較溫和的方法是先用手搓揉少量肥皂，讓它溶解在準備好的洗滌水中，不要將硬肥皂直接塗抹在毛上。

▶ 清潔寵物的耳朵

如果貓和狗常常抓耳朵可能是有耳垢。這時你可以用醋來自然、溫和地替寵物清洗耳朵。將醋和水以 1：1 的比例混合，然後將棉球浸入溶液中。用它輕拍或擦拭寵物的耳朵，就可以清除牠們耳朵上的汙垢和病菌以緩解搔癢。

日常家務

庭園

庭園裡的害蟲

▶ 掌控花園裡的螞蟻

　　用碳酸氫鈉不僅可以將螞蟻趕出屋子，而且只要不下雨，也可以用在花園裡。將碳酸氫鈉粉和糖霜粉按 1：1 的比例混合，然後將它撒在地面上有螞蟻洞的範圍裡。有草皮的表面就不適合使用這種方法。如果風或雨吹走或淋濕了混合粉末，就必須重新做一次。幾天後，螞蟻會去尋找另外一個牠們覺得比較溫馨的地方。

　　但是請注意，碳酸氫鈉對螞蟻是有毒性的。也許還有其他更溫和的方法可以來幫你將這些非常有用的動物拒之門外。

▶ 對付螞蟻和蝨子的噴霧劑

　　對付螞蟻和許多不同種類的蚜蟲、介殼蟲、蘋果棉蚜、粉介殼蟲的另一種有效武器是硬肥皂。將一到兩茶匙研碎的硬肥皂溶在一公升的水中，並將這個鹼性肥皂水倒入一個空的噴霧瓶。這是對付螞蟻和上述各種蟲的極佳噴霧劑，可以很快速地在任何地方使用，讓這些小小爬行者不敢再來跟你作伴。

對於特別頑強的螞蟻侵襲，還可以在混合液中添加幾滴茶樹精油，並搖動讓它們均勻地混合。茶樹精油可以增加效果，這樣一來所有的螞蟻都會很快消失。使用茶樹精油時，不要把噴霧劑噴灑到植物上，因為它可能會灼傷植物的葉子。

▶ 小心地去除粉介殼蟲

粉介殼蟲通常特別頑強，牠們侵襲所有類型的植物和室內植物。為了永久消除牠們，簡單的食用醋就可以了。將化妝棉或軟布浸到沒有稀釋的醋液中，然後用它來澈底擦拭所有葉子上下兩面。這個方法很複雜也很耗功夫，但是可以保證持久有效。請注意，不要錯過任何毛茸茸的蟲子和蟲卵。蟲子可能會躲在花盆裡或花盆旁邊，所以也必須將它們擦乾淨。一旦發現沒有被擦拭掉的蟲子，就請重複上述步驟。

如果不確定你的植物是否受得了這樣的處理方式，可以先在幾片葉子上測試。如果一兩天之後它們仍然鮮綠，你就可以安全無虞地使用醋對抗蟲子了。

▶ 防治蚜蟲

如果你的植物被蚜蟲感染，可以用把 10 到 15 克磨碎的硬肥皂溶在一公升水中，用溶液輕輕擦拭葉子。

如果要處理很多較小的葉子，建議你製備濃度更高的溶液（每公升水加入 50 到 60 克磨碎的硬肥皂），然後用噴霧瓶噴灑在葉子上。

食用醋也是適合對抗蚜蟲侵擾的藥物。將等量的食用醋和水裝到噴霧瓶中，然後用溶液噴灑在受到感染的植物上，在此

庭園

也不可以忘記葉子的下面。如果寵物和兒童常會與植物接觸，就更加推薦這種溫和又自然的蚜蟲防治方法。

▶ **遠離鼠輩**

在某些地區，貂、老鼠、兔子、貓或流浪犬是造成災難的禍首。如果貂或其他四足動物經常去拜訪你的車子，或者貓在蔬菜之間大小便，可會要你花大錢了。

大多數的四足朋友不能忍受醋的味道，即使醋已經乾掉了，牠們還是會避開。因此，請將舊抹布浸在未經稀釋的醋中，然後將它放在策略性的關鍵地點，以防止不速之客來訪。以後牠們就不會再在廢棄的車棚，雞舍或溫室中出現。為了一勞永逸，你應該每週用新鮮的醋弄濕放在那裡的抹布。

▶ 防止花園變成小貓公廁

用浸在醋裡面的抹布來防止動物，也有助於防止流浪貓入侵。如果你在牠們最愛出入的路線，例如圍籬附近的堆肥、圍籬，或在發現貓咪留下許多大小便的地方大量灑上醋，就能夠更容易防止牠們誤將你的花園當作公廁來使用。這種氣味會把貓嚇跑，運氣好的話，牠們會開始去尋找新的廁所。

植物護理

▶ 用居家用品對抗多種病害

用水和硬肥皂混合成的噴霧劑不僅有助於對抗植物害蟲，還可以抵抗植物的多種病害，特別是對抗真菌的感染。將一或兩茶匙磨碎的硬肥皂溶在一公升的水中，然後添加 20 至 30 滴印度苦楝樹精油，也被稱為楝樹油（Neem Oil）。這個精油特別有效，又可以保護受感染的植物。把它裝在噴霧瓶中，就可以方便簡單地將它噴灑在所有受到感染的部位，包括葉子下面。視情況可以重複步驟，幾天後，植物的狀況就會明顯地改善。

▶ 治療植物鏽蝕和其他疾病

可以使用醋來製作一種天然的植物噴霧劑，以對抗大多數的植物病害，也就是植物鏽蝕和蟎蟲侵擾。將兩湯匙醋添加到一公升水中，然後將它倒入噴霧瓶。這樣就完成了一種廣效性又溫和無害的噴霧劑。有了它，就足以對付大多數的病原體和植物害蟲。

庭園

▶ 用碳酸氫鈉做植物的殺菌劑

你可以使用碳酸氫鈉治療作物花園中受到真菌感染的藥劑，例如霉病或灰葡萄孢菌等病株。將水倒入噴霧瓶中，然後在裡面溶解三到五湯匙的碳酸氫鈉。把它噴灑在病株患處，必要時重複使用，直到感染消退為止。

要注意讓患病的植物與健康的植物保持較遠的距離，以防止真菌擴散。

▶ 讓杜鵑花和天竺葵長得特別美麗強壯

杜鵑花和天竺葵等開花植物比較喜歡酸性土壤。如果土壤的酸鹼值太高而灌溉用水太硬，它們將無法開出美麗又有活力的花朵。可以使用醋來調節土壤的酸鹼值，以便獲得許多美麗的花朵。將水倒入水壺中，每公升水中加入一湯匙食用醋。每星期用醋溶液澆花一次。這個方法可以讓植物保持健康，並且幫助它們長出更多更強壯的花朵。

最好在開花季節來臨之前使用這種方法。當花朵開始綻放時，就不要再用醋和水的混合溶液來澆花了。

▶ 讓番茄更甜，增加抗疫性

番茄和一些栽培蔬菜比較喜歡鹼性較強的土壤。如果泥土太酸，它們往往比較容易生病而且也會生長不良，所結出來的水果也不會甜美可口。為了改善番茄的生長條件並獲得甜美多汁的果實，可在植物周圍的地面上撒一些碳酸氫鈉。它會隨著灌溉水擴散到土壤中，使植物不易患病。

庭園

▶ 讓切花更長久保鮮

每個人都喜歡花，也都希望它們可以長時間保持新鮮美麗。為了使切花可以保鮮更長久，可以使用蘋果醋。將兩湯匙蘋果醋和兩湯匙糖混合在一公升水中，然後將鮮花放在盛滿混合液的花瓶裡。過了兩到三天後，別忘了換上新的混合液，這樣就有更長的時間可以欣賞美麗的花朵了。

▶ 加速花種子發芽

如果用蘋果醋預作處理，許多花卉和蔬菜種子會發芽得更快更好。在半公升溫水中加上半杯蘋果醋，然後將種子浸入過夜。第二天倒入篩子將種子過濾出來，沖洗之後播種。對於一些比較厚，含有木質纖維的種子，可以在浸泡之前放在兩層細砂紙之間小心地除糙會很有幫助。

在花園裡的其他用途

▶ 清潔花園家具，座墊和遮陽傘

用木材和塑料製成的花園家具，用織物製成的座墊和陽傘會在使用過一段時間後變得很難看，也會因為花粉、鳥糞、昆蟲糞便和其他汙染源而變得漬痕斑斑。我們可以用一種既天然又有效的清潔劑來清潔：在半杯醋和一公升水的混合液中加入一茶匙磨碎的硬肥皂，並將它們攪拌或搖晃直到肥皂溶解為止。將混合完成的清潔溶液裝入噴霧瓶，就是你家花園家具非常有效的清潔噴霧劑了。

把清潔噴霧劑噴灑在塑料或木材做的椅子和桌子上，然後

庭園

用粗糙的抹布擦拭，桌椅又會變得乾淨和清新。黴菌所造成的或其他汙垢所產生的汙漬可能需要用刷子用力刷洗。最後，用花園澆水用的軟管將桌椅沖洗乾淨，讓家具自然風乾。

同樣的噴霧劑也可以用來清潔座墊套和遮陽傘。先噴灑，再用刷子將噴霧清潔劑塗抹到織物裡，之後再用清水沖洗，最後在陽光下曬乾。我們建議只在溫暖、陽光普照的日子清洗座墊，否則它們可能無法完全變乾，還有可能會再長出黴菌或新的霉斑。

▶ 消除座墊和遮陽傘的黴菌

如果座椅套和遮陽傘在潮濕的天氣中放置在戶外，或存放在空氣不夠流通的地方，久而久之會長出黴菌。不僅使花園家具變得很難看，如果黴菌孢子散布在空氣中，而且經由呼吸道吸入體，還有可能會危害健康。

使用未稀釋過的食用醋可以有效地防止黴菌滋生。把醋裝到噴霧瓶裡，用它澈底地噴灑在現有的汙漬上。用刷子用力刷洗，然後用清水沖洗乾淨。做完這個步驟後，必須將椅墊或遮陽傘放在陽光下充分曬乾，並盡可能保存在乾燥的地方，以防止再次感染。

▶ 去除花瓶中的石灰垢和混濁

用醋可以除去花瓶裡難看礙眼的石灰垢和容器內部因為時間而形成的混濁水垢。把未稀釋的食用醋倒入花瓶裡靜置一小時，視需要也可以靜置更長的時間。因為要使用大量的醋，因此建議把所有的花瓶收集起來，一個接一個地處理，從最大的

花瓶開始，然後將醋容液倒到下一個較小的容器繼續處理。在用醋為所有的花瓶全部除垢後，再用清水沖洗花瓶，放置使其乾燥，此時沉垢和石灰應該都已經被清除掉了。

用相同方式也可以使用檸檬酸溶液。將溫水倒入花瓶中，在每一公升的水中添加兩到三湯匙檸檬酸，脫鈣的溶液就完成了。

▶ **清除花盆和盆栽桶裡的石灰垢和汙垢**

經過一段時間後，花盆和盆栽桶都會形成難看的石灰垢，尤其是在用非常硬的水澆灑後特別容易產生這種現象。一年四季都放在戶外的盆栽桶也很容易長出苔蘚和藻類。但是這些花盆或桶子絕不可以因此而丟棄，因為使用簡單的居家用品就可以使它們再度變得乾淨又漂亮。

我們建議使用醋溶液來清潔附著於花盆或桶子上的苔蘚、藻類和腐敗菌。你需要的是：

水

家用醋（事先以 1：4 的比例來稀釋醋精）

處理方法如下：

- 不是很髒的花盆可以簡單用水和抹布清潔。
- 鈣質和苔蘚較嚴重時，刷子就可以上陣了。超級嚴重的情況也可以用刷子和水與醋等份混合而成的混合液一起攜手合作。
- 大部分石灰垢都集中在花盆上部和底部。將花盆附著著石灰垢的那一面放入裝有醋混合液的容器中，就可以省去長時費

力的擦洗。浸過醋溶液的花盆通常只要將殘餘的鈣質擦掉就可以了。你可以使用細砂紙來磨除積聚特別厚又強固的石灰垢。

較小的花盆也可以用碳酸氫鈉或蘇打溶液來去除石灰垢。你可以用一個水桶或其他足夠大的容器將空花盆完全浸入。把水桶裝滿溫水，每公升水溶解一茶匙碳酸氫鈉或洗滌鹼。現在，將所有要清洗的花盆一個接一個地，或如果桶子夠大，可以同時一起放進桶子裡面浸泡一個小時，再把花盆拿出來靜置，讓溶液滴落。接著再用清水沖洗。如果石灰垢還沒有完全消失，可以再用前面使用的溶液做一次同樣的處理。

▶ 防止鋪路板接合縫上長雜草和苔蘚

時間久了，人行道和車庫前車道上鋪路板的接合處會長出雜草。經過幾年之後，接合處通常都會被苔蘚完全覆蓋。基本上你可以感到高興，因為苔蘚可以密封鋪路板之間的縫隙，因而有效防止螞蟻及其它昆蟲在那裡囂張落戶。

如果植被長得太過於茂盛，可以用蘇打來制服它不會繼續擴張。在長滿苔蘚的接縫處撒上一層薄薄的洗滌鹼。它會讓植被枯萎，然後你就可以輕鬆地除去殘留部分了。

▶ 小心清除藻類和苔蘚

長滿了苔蘚和藻類的人行道，鋪設石板的小路和牆壁不僅難看，還可能會讓人滑倒。將五湯匙洗滌鹼溶解在五公升溫水中，然後用刷子或將溶液裝在噴霧瓶中濕潤長出植被的地方，

這樣就可以清除它們了。一段時間後，覆蓋在路上的苔蘚和藻類就會脫落，這時可以用花園裡澆水的軟管將它們沖洗掉。如果還殘留著頑強的苔蘚和藻類，也可以先把刷子或擦洗地板用的大型粗毛刷子浸泡在蘇打溶液中，然後大力刷除它。對於石灰石或花崗岩等敏感石材，應在處理之前先在不顯眼的角落測試一下，看看蘇打溶液是否適用。

▶ 刷出磚石結構體的新氣象

磚牆，砌建的圍欄柱子和其他磚石結構體會因為天氣、昆蟲和鳥類等侵蝕與汙染而變得混濁、骯髒、難看。你可以用醋來刷洗磚石結構以恢復其原始外觀。用十份水與一份食用醋混合，用它來澈底擦拭或刷洗磚石結構建築物。

同樣的方法也可以清除用磚石砌建的開放式壁爐和火爐內壁上的碳煙積灰。

▶ 清除鳥糞

麻雀，山雀，黑鳥和其他鳥類替我們吃掉討厭的蚊子，每天早晨用美妙的歌聲叫醒我們，為生活增添樂趣。但是牠們在窗台、陽台欄杆、露台和小徑上留下的大量堆積物就不那麼討人喜歡了。我們可以用醋輕易清除掉鳥糞留下的汙漬，而且幾乎不會留下痕跡。簡單地倒一些未經稀釋過的食用醋或蘋果醋在抹布上，然後用它擦去鳥類的遺留物。

如果清潔的範圍比較大，也可以將醋倒到噴霧瓶中，然後噴灑在受汙染的區域上，再用抹布擦拭掉。醋不但可以清除糞便，還可以清除因糞便而遺留下來的汙漬和不雅的色調。

庭園

▶ 清潔割草機的刀片

　　割草機用久了之後，刀片上會積聚一層厚厚殘留的草屑和其他汙垢，特別是在潮濕的日子修剪草坪後更是如此。在修剪草皮之後，可以立即用在食用醋中浸過的抹布擦拭割草機刀片，這樣不但可以清潔刀片，同時可以保護它不生鏽。除此之外，這種方法也可以清理割草機內部，不會堆積容易腐爛和發霉的大團草屑。

　　如果上回清潔割草機是很久以前的事了，可能就會需要用到刷子來協助處理。付出這樣的功夫是值得的，因為妥善照顧割草機可以延長它的使用壽命，並且不會生鏽。此外還可以防止植物病害經由割草機而散播到整個花園。

　　注意：如果你使用的是汽油割草機，請確保在操作割草刀片之前先卸下火星塞上面的電線插頭，以免萬一意外推動馬達而造成受傷！

▶ 維持游泳池的水質

　　要確保在夏天可以長時間浸泡在游泳池裡享受，就不可以忽視維護游泳池的工作。這恰巧就是問題所在：為了防止藻類、細菌和病原體進入泳池水中，通常會使用多種化學藥品。幸好有一些居家用品和妙招可以大大減少對於處理泳池水質的強力化學物質的需求。

　　為了要讓淨水化學藥品，例如氯（Chlor）可以發揮最佳效果，水的酸鹼值必須維持在 7.0 到 7.4 之間，太高或太低都會降低氯的淨水效力，因此而必須使用更多的氯。

如果酸鹼值低於建議值，即水的酸度更高，水泵中的機械零件有可能會受到損壞。相反的，鹼性範圍內的酸鹼值過高則會使得皮膚受到刺激。通常酸鹼值會隨時間略微增加，所以必須將其向下修正。在傾盆大雨過後，酸鹼值也可能掉下來，因此要在必要時提升。

檢查酸鹼值

在藥房或在網路上都可以買到簡單的酸鹼值試紙，一包100條的試紙通常可以夠你使用好幾年。我們建議使用測試範圍較窄的試紙。

使用居家用品降低酸鹼值

如果是要降低過高的酸鹼值，通常會使用無機酸，例如使用顆粒狀的降酸劑。但是其他酸也能夠發揮相同的效果。使用一公升食用醋可以把 10 立方公尺的泳池水酸鹼值降低約 0.2。使用醋有一個缺點：因為它是有機酸，所以它也是某些細菌的食物，而這些細菌還必須再用過濾器和氯氣來清除。儘管如此，醋仍然是一個很好的短期措施。

用居家用品提高酸鹼值

專業上用來增加酸鹼值的工具包括碳酸鈉，也就是蘇打。因此，如果泳池水中的酸鹼值明顯過低時，可以使用價格非常便宜的洗滌鹼來處理，它的效果也一樣好。如果要將酸鹼值提高 0.2，每立方公尺的水大約需要五克的蘇打。不過要注意，若要提高酸鹼值，必須要在水泵運轉之下逐步慢慢進行。在幾個

庭園

小時後，就可測量其結果並在必要時進行校正。

　　如果要將酸鹼值穩定在理想範圍內並提高水質，也可以使用碳酸氫鈉。每 10 立方公尺的游泳池水中，在水泵運轉情況下添加 500 克至最多 1,000 克碳酸氫鈉。

其他應用

汽車和摩托車

▶ **清潔並刷新汽車內飾和配件**

碳酸氫鈉是汽車保養的完美材料。用碳酸氫鈉溶液來處理汽車座椅、地板墊和其他有織物覆蓋的部件，這些地方會變得乾淨，也不會再有例如香菸等異味。將兩湯匙碳酸氫鈉溶於一公升水中，並將其裝到噴霧瓶裡。清潔時將溶液噴灑到座椅、襯墊和地板墊上，如果另外用軟刷子刷拭，汙漬和水漬也都會消失。

也可以使用一份醋和三份水的混合液來自製汽車駕駛座的噴霧劑。將此溶液裝在噴霧瓶中，按照自己的喜好添加幾滴芳香精油以增加香氣。它可以用在所有車內皮革，塑料和類似材料製成的所有內飾部件。將溶液噴在物件上，然後用軟布擦拭，最後再用乾布擦乾，灰塵和汙垢就這樣全部消失了。

還有一個延伸的配方特別適用於皮革座椅的保養。

📖 參考第 49 頁

▶ 清潔擋風玻璃，車身和輪圈

　　碳酸氫鈉也是清潔車輛外部的理想選擇。用四湯匙碳酸氫鈉和一公升水製成的溶液噴灑在擋風玻璃，前照燈和保險桿上，就可以清除緊緊黏貼在上面的昆蟲或樹木和花粉所留下來的殘留物。噴灑過後讓它們作用一段時間，再用海綿將剩下的殘留物擦拭乾淨。最後再用清水沖洗並擦乾。

　　你也可以用這種方式清潔車輪輪圈使它們發光發亮。要對抗頑強的硬垢可以把碳酸氫鈉倒在潮濕的海綿上，然後小心地搓揉直到汙垢溶解為止。

▶ 清潔擋風玻璃上的刮雨刷

　　如果汽車擋風玻璃上的雨刷只會留下濛濛的水膜和條紋而不是清晰的視線，那可能是它們沾黏到汙垢了。特別是在冬天，用撒鹽去除街道上的結冰時，擋風玻璃上的雨刷很快會沾染上汙穢的東西。遇到這種情況無需立即更換雨刷，只要使用醋來處理，它們就會變得像新的一樣。

　　把未稀釋的食用醋倒在一塊抹布上，用它來回擦拭雨刷和擋風玻璃接觸的刮水片數次，用以去除殘留物。這種處理會立即生效，並確保視野清晰。

　　情況特別嚴重的時候，例如，當雨刷刮水片上黏有樹木的花蜜和花粉時，也可以用碳酸氫鈉做深度清潔。在濕海綿撒上碳酸氫鈉粉，然後用它澈底上下擦拭雨刷刮水片。接著再用清水沖洗，這樣雨刷刮水片就好像是剛出廠的一樣，可以將擋風玻璃刷得乾淨又透明。

　　如果你的旅程很遠，可以在汽車裡放一小瓶噴霧醋，用它

來清潔擋風玻璃和清潔雨刷的刮水片。

▶ **防止車窗結凍**

在冬天使用以下的小技巧，就不必再花力氣去刮除車子玻璃上的結冰了：在噴霧瓶中混合三份醋和一份水，晚上在車窗及擋風玻璃上噴上這種混合液。這個保護膜可以有效防止車子玻璃結出一層冰來，你也就不需要再做令人厭煩的刮除結冰工作。做一次這樣的處理就可以讓你好幾天免受這種煩惱。

▶ **完全去除汽車上的貼紙**

要去除後車身上的貼紙和擋風玻璃上的收費標籤之類的貼紙，通常是個很大的挑戰，因為膠會由於陽光的長時間照射和天氣的影響而變硬並變得有韌性。你可以用未經稀釋的食用醋噴灑在海綿上，然後從貼紙所有側面邊緣來濕潤貼紙，讓醋液滲入到貼紙的黏膠上。一刻鐘之後，再用例如舊的信用卡之類的較軟薄片來刮除標籤所殘留下來的黏膠。最後再用足夠的醋來濕潤並刮除仍然殘留的黏膠或是用較粗糙的海綿把它擦掉。

▶ **不傷害到汽車的清潔方法**

對於一般洗車而言，有機硬肥皂是最理想的選項。將一到兩茶匙磨碎的硬肥皂溶在一桶溫水中。這種溫和的肥皂水非常適合用來輕柔地清洗車身、車窗、密封件、車輪和輪圈。最後用清潔的水沖洗並用軟布擦乾，這樣你的車子會比從洗車場出來更加光鮮亮麗。

▶ **讓汽車輪圈再度煥發光亮**

道路上和制動器的大量汙垢會積聚在車輪的輪圈上，汙垢有一部分會實實在在地侵蝕輪圈的材料。用一般的洗車方法很難清除。如果使用以下混合液就可以使鋁製輪圈恢復光澤，也可以清潔鋼製輪圈：將一茶匙硬肥皂溶於半公升的熱水中，然後在添加半杯洗滌鹼後攪拌均勻。你可以用海綿加上這個濃度很高的溶液清除所有附在輪圈上的汙穢髒物，甚至可以刷除掉頑強的積聚物。你還可以順便刷洗輪胎外側，使它看起來像新的一樣。最後再用清水沖洗並擦乾輪圈，這樣一來，連水漬也無法掩蓋輪圈的新光澤。

▶ **清潔電池接頭**

鏽蝕的電池接頭會損害汽車電氣系統功能，甚至會使得汽車無法啟動。與其立刻更換可能仍然完好無損的電池，不如先嘗試用這種方法解決鏽蝕問題。首先把電線接頭從電池極拆下來。用三份碳酸氫鈉和一份水調成糊，用它來澈底擦拭電極和電池極的夾鉗，例如用舊海綿擦拭直到它再度光潔為止。為避免以後的鏽蝕，可以用電池極潤滑脂來處理連接點。

▶ **清除車庫地板上的油漬**

每輛汽車都會變舊，所以在汽車下面出現幾滴黑油並不罕見。你可以在車庫地板或車道撒上蘇打或碳酸氫鈉來去除此類油漬。再另外用濕的刷子將蘇打或碳酸氫鈉刷開分散，直到汙漬消失。

其他應用

▶ 消毒水箱和攜帶式容器

旅遊房車、船上的水箱，或是攜帶式水罐裡的水會逐漸在內部形成光滑的沉積層或變成綠色。水喝起來會有霉味，還可能含有有害健康的細菌。

可以使用碳酸氫鈉來清洗此類水箱和容器罐。把要清洗的容器裡面的水全部倒出，再注入溫水，在每五公升水裡添加一杯碳酸氫鈉。讓溶液作用一段時間，然後倒出容器裡的一半溶液，盡可能用力搖晃。攜帶式容器比較容易，如果是旅遊房車，你可能必須要把車子來回行駛幾次。

如果你有水泵和水管，請利用水泵讓清潔溶液流過水管，以便也能清潔水管。把水箱完全清空，並用清水裝滿水箱以再次沖洗。

▶ 製作黏膠

可以利用醋和其他配料製作出神奇有機又安全的手工藝用黏著劑，用來替代口紅膠和膠帶。你需要以下材料：

15 克明膠粉

6 湯匙醋

25 滴甘油

1 刀尖山梨酸（Sorbic acid，選用，用以延長保存期限）

空的棒狀容器或帶有螺紋蓋的玻璃罐

製作膠帶用的額外配料：

■ 紙張（例如用過的禮物包裝紙或舊報紙）

■ 一把刷子

製作液體黏膠的方法如下：

1. 把醋與明膠粉在鍋子裡攪拌混合，盡可能不要讓它們結塊，並在低溫下將兩者加熱，直到混合物變成均勻的液體為止。

2. 添加甘油，如有需要還可以添加山梨酸粉，並將這些配料澈底攪拌在一起。

3. 將液體倒入空的棒狀容器或螺紋蓋玻璃罐裡，經過短暫的冷卻後，就可以使用黏膠了。

4. 這個混合體只有在加熱時才是液體，而且也只有在這種狀態下才可以加工處理。冷卻的時間越長，就會變得越有韌性，最終會變成果凍狀。

5. 把黏膠隔水加熱，它就會再次液化而可以繼續使用。

　　黏膠製作完成就可以開始製作手工藝品了，也可以用它來製作耐用又不含塑料的膠帶：

1. 將一張紙切成長窄形的紙條，或是兩到三厘米寬的紙條。

2. 用刷子將快要冷卻的黏膠均勻地塗在紙的背面。

3. 現在只要讓塗層乾燥即可。如果要做更強有力的黏性膠帶（例如用在包裝紙上），最好再塗上第二層。

4. 將塗層的紙條掛在一條繩子上，或掛在衣架上乾燥。每條膠帶都留個一到二公分沒有塗膠的空白，就比較容易吊掛起來風乾。

5. 乾燥之後，就可以將這些膠帶切割成適合的長度保存起來。需要使用時把它沾濕或用舌頭舔一下，就可以像郵票一樣黏貼了。

自己動手做吧！

　　我們希望本書能對你有所啟發，並激發或增加你對替代方法和創造力的好奇心。即使你在日常生活中僅使用碳酸氫鈉，蘇打，醋，檸檬酸和硬肥皂的一些應用方法，就已經達到這本書的目的了。

　　我們特別期待你的回饋。立刻就可以知道要怎麼樣聯絡我們！

始終獲得最新的知識

　　一本書通常在第一個字被閱讀之前就已經過時了。我們一直不斷地在學習，定期擴充和優化本書中的配方。為了讓你永遠可以得知最新的發展，我們建議你隨時點閱我們的網站smarticular.net：

- 在 smarticular.net/5-hausmittel 網頁上可以找到本書的最新資訊，你可以留下評論，讚美或批評，可以提出問題，並閱讀各個技巧和訣竅的重要更新和改進。
- 本書中的許多配方都出自 smarticular.net 裡的篇章。點閱網站可以獲得該篇中的圖片和最新資訊，還可以追蹤其他讀者所

自己動手做吧！

做的有用評論。

■ 當然，如果你對 smarticular.net 上的其他主題感興趣，我們也很高興。為了讓你始終能獲知最新資訊，建議你訂閱我們的電子報，並追蹤我們的社交媒體粉絲頁與帳號。

國家圖書館出版品預行編目資料

5件好物，DIY家用所有清潔、沐浴、美妝與保養用品——天然配方，零化學無污染，打造環保省錢的健康生活 /smarticular.net 著；黃鎮斌譯 .-- 初版 .-- 臺北市：商周出版：英屬蓋曼群島商家庭傳媒股份有限公司城邦分公司發行 , 2021.03
面；　公分 . -- (Live & Learn ; 80)
譯自：Fünf Hausmittel ersetzen eine Drogerie.

ISBN 978-986-272-338-8 (平裝)

1. 家庭衛生

429.8　　　　　　　　　　　　　　　　110002030

5件好物，DIY家用所有清潔、沐浴、美妝與保養用品
——天然配方，零化學無污染，打造環保省錢的健康生活
Fünf Hausmittel ersetzen eine Drogerie

作　　　者／smarticular.net
譯　　　者／黃鎮斌
責 任 編 輯／余筱嵐

版　　　權／劉鎔慈、吳亭儀
行 銷 業 務／王瑜、林秀津、周佑潔
總 編 輯／程鳳儀
總 經 理／彭之琬
發 行 人／何飛鵬
法 律 顧 問／元禾法律事務所　王子文律師
出　　　版／商周出版
　　　　　　台北市104民生東路二段141號9樓
　　　　　　電話：(02) 25007008　傳真：(02)25007759
　　　　　　E-mail：bwp.service@cite.com.tw
　　　　　　Blog：http://bwp25007008.pixnet.net/blog
發　　　行／英屬蓋曼群島商家庭傳媒股份有限公司 城邦分公司
　　　　　　台北市中山區民生東路二段141號2樓
　　　　　　書虫客服服務專線：02-25007718；25007719
　　　　　　服務時間：週一至週五上午 09:30-12:00；下午 13:30-17:00
　　　　　　24 小時傳真專線：02-25001990；25001991
　　　　　　劃撥帳號：19863813；戶名：書虫股份有限公司
　　　　　　讀者服務信箱：service@readingclub.com.tw
　　　　　　城邦讀書花園：www.cite.com.tw
香港發行所／城邦（香港）出版集團有限公司
　　　　　　香港灣仔駱克道193號東超商業中心1樓；E-mail：hkcite@biznetvigator.com
　　　　　　電話：(852) 25086231　傳真：(852) 25789337
馬新發行所／城邦（馬新）出版集團 Cite (M) Sdn. Bhd.
　　　　　　41, Jalan Radin Anum, Bandar Baru Sri Petaling, 57000 Kuala Lumpur, Malaysia.
　　　　　　Tel: (603) 90578822　Fax: (603) 90576622　Email: cite@cite.com.my

封 面 設 計／李東記
插　　　圖／陳婷衣
排　　　版／極翔企業有限公司
印　　　刷／韋懋印刷事業股份有限公司
總 經 銷／高見文化行銷股份有限公司　新北市樹林區佳園路二段70-1號
　　　　　　電話：(02)2668-9005　傳真：(02)2668-9790　客服專線：0800-055-365

■2021年3月25日初版　　　　　　　　　　　　　　Printed in Taiwan
定價380元

城邦讀書花園
www.cite.com.tw

讀者回函卡

感謝您購買我們出版的書籍！請費心填寫此回函卡，我們將不定期寄上城邦集團最新的出版訊息。

不定期好禮相贈！
立即加入：商周出
Facebook 粉絲團

姓名：＿＿＿＿＿＿＿＿＿＿＿＿＿＿＿＿＿ 性別：□男　□女

生日：西元＿＿＿＿＿＿年＿＿＿＿＿月＿＿＿＿＿日

地址：＿＿＿＿＿＿＿＿＿＿＿＿＿＿＿＿＿＿＿＿＿＿＿

聯絡電話：＿＿＿＿＿＿＿＿ 傳真：＿＿＿＿＿＿＿＿

E-mail：

學歷：□ 1. 小學 □ 2. 國中 □ 3. 高中 □ 4. 大學 □ 5. 研究所以上

職業：□ 1. 學生 □ 2. 軍公教 □ 3. 服務 □ 4. 金融 □ 5. 製造 □ 6. 資訊
　　　□ 7. 傳播 □ 8. 自由業 □ 9. 農漁牧 □ 10. 家管 □ 11. 退休
　　　□ 12. 其他＿＿＿＿＿＿＿＿＿＿＿＿＿＿＿＿＿＿＿＿

您從何種方式得知本書消息？
　　　□ 1. 書店 □ 2. 網路 □ 3. 報紙 □ 4. 雜誌 □ 5. 廣播 □ 6. 電視
　　　□ 7. 親友推薦 □ 8. 其他＿＿＿＿＿＿＿＿＿＿＿＿＿＿

您通常以何種方式購書？
　　　□ 1. 書店 □ 2. 網路 □ 3. 傳真訂購 □ 4. 郵局劃撥 □ 5. 其他＿＿＿

您喜歡閱讀那些類別的書籍？
　　　□ 1. 財經商業 □ 2. 自然科學 □ 3. 歷史 □ 4. 法律 □ 5. 文學
　　　□ 6. 休閒旅遊 □ 7. 小說 □ 8. 人物傳記 □ 9. 生活、勵志 □ 10. 其他

對我們的建議：＿＿＿＿＿＿＿＿＿＿＿＿＿＿＿＿＿＿＿
＿＿＿＿＿＿＿＿＿＿＿＿＿＿＿＿＿＿＿＿＿＿＿＿＿＿＿
＿＿＿＿＿＿＿＿＿＿＿＿＿＿＿＿＿＿＿＿＿＿＿＿＿＿＿